建成区绿地海绵城市建设理论研究与实践

戴子云　李新宇　孙宏彦　许　蕊　等著

气象出版社
China Meteorological Press

内 容 简 介

本书按照集成示范与研发应用相结合的思路，借鉴现代雨洪管理措施以及园林绿地雨水利用控制领域研究进展，围绕城市绿地水资源高效利用技术问题，研究在保证城市绿地生态功能提升的前提下，解决城市绿地集水、用水最佳管理技术难点，形成科学量化的标准、可操作易执行的管控程序和工程示范模式，并进行推广应用，为完善和提高绿地水资源利用效率提供改造和新建的范例，寻求解决水资源高效利用管理技术的新突破。筛选出耐涝性较强的北京常见园林植物 27 种；构建并应用公园绿地按需灌溉系统；编制《北京市建成区绿地雨水蓄渗利用技术设计规范》，为海绵城市绿地建设技术体系提供科学依据。本书为系统推进北京市水生态保护和水资源管理，解决北京城市建设领域中的资源、环境以及能源问题提供有价值的新思路，可供相关单位和科技人员参考。

图书在版编目（CIP）数据

建成区绿地海绵城市建设理论研究与实践 / 戴子云
等著. -- 北京：气象出版社，2023.10
  ISBN 978-7-5029-7872-3

  Ⅰ．①建… Ⅱ．①戴… Ⅲ．①城市绿地—雨水资源—
水资源管理 Ⅳ．①S731.2②TV213.4

  中国版本图书馆CIP数据核字(2022)第227415号

建成区绿地海绵城市建设理论研究与实践
Jianchengqu Lüdi Haimian Chengshi Jianshe Lilun Yanjiu yu Shijian

出版发行：气象出版社

地　　址：北京市海淀区中关村南大街 46 号	邮　　编：100081
电　　话：010-68407112（总编室）　010-68408042（发行部）	
网　　址：http://www.qxcbs.com	E-mail：qxcbs@cma.gov.cn
责任编辑：邵　华　刘天泽	终　　审：张　斌
责任校对：张硕杰	责任技编：赵相宁
封面设计：博雅锦	
印　　刷：北京中石油彩色印刷有限责任公司	
开　　本：787 mm×1092 mm　1/16	印　　张：13.75
字　　数：251 千字	彩　　插：1
版　　次：2023 年 10 月第 1 版	印　　次：2023 年 10 月第 1 次印刷
定　　价：68.00 元	

《建成区绿地海绵城市建设理论研究与实践》
作者团队

戴子云　李新宇　孙宏彦　许　蕊

杨　乐　王月宾　王　行　赵松婷

刘秀萍　李嘉乐　段敏杰　谢军飞

目 录

C O N T E N T S

3 北京常见园林植物耐涝评价体系建立及耐涝性鉴定

6 示范区建设与评价

7 结语

1

绪 论

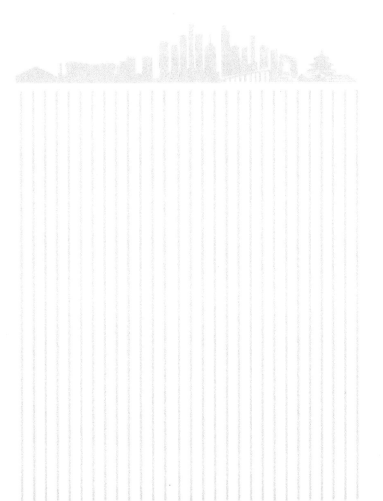

1.1 引 言

1.1.1 研究背景

城镇化是保持经济持续健康发展的强大引擎，是推动区域协调发展的有力支撑，也是促进社会全面进步的必然要求。然而，快速城镇化的同时，城市发展也面临巨大的环境与资源压力，外延增长式的城市发展模式已难以为继。2014 年发布的《国家新型城镇化规划（2014—2020 年）》明确提出，我国的城镇化必须进入以提升质量为主的转型发展新阶段。为此，必须坚持新型城镇化的发展道路，协调城镇化与环境资源保护之间的矛盾，才能实现可持续发展。党的十八大报告明确提出"面对资源约束趋紧、环境污染严重、生态系统退化的严峻形势，必须树立尊重自然、顺应自然、保护自然的生态文明理念，把生态文明建设放在突出地位"。建设具有自然积存、自然渗透、自然净化功能的海绵城市是生态文明建设的重要内容，是实现城镇化和环境资源协调发展的重要体现，也是今后我国城市建设的重大任务。

顾名思义，海绵城市是指城市能够像海绵一样，在适应环境变化和应对自然灾害等方面具有良好的"弹性"：下雨时吸水、蓄水、渗水、净水；需要时将蓄存的水"释放"并加以利用。海绵城市建设应遵循生态优先等原则，将自然途径与人工措施相结合，在确保城市排水防涝安全的前提下，最大限度地实现雨水在城市区域的积存、渗透和净化，促进雨水资源的利用和生态环境保护。在海绵城市建设过程中，应统筹自然降水、地表水和地下水的系统性，协调给水、排水等水循环利用各环节，并考虑其复杂性和长期性。

海绵城市的建设途径主要有以下几方面：一是对城市原有生态系统的保护，最大限度地保护原有的河流、湖泊、湿地、坑塘、沟渠等水生态敏感区，留有足够涵养水源，应对较大强度降雨的林地、草地、湖泊、湿地，维持城市开发前的自然水文特征，这是海绵城市建设的基本要求；二是生态恢复和修复，对传统粗放式城市建设模式下已经受到破坏的水体和其他自然环境，运用生态的手段进行恢复和修复，并维持一定比例的生态空间；三是低影响开发，按照对城市生态环境影响最低的开发建设理念，合理控制开发强度，在城市中保留足够的生态用地，控制城市不透水面积比例，最大限度地减少对城市原有水生态环境的破坏，同时，根据需求适当开挖河湖沟渠、增加水域面积，促进雨水的积存、渗透和净化。

海绵城市建设应统筹低影响开发雨水系统、城市雨水管渠系统及超标雨水径流排放系统。低影响开发雨水系统可以通过对雨水的渗透、储存、调节、转输与截污净化等功能，有效控制径流总量、径流峰值和径流污染；城市雨水管渠系统即传统排水系统，应与低影响开发雨水系统共同组织径流雨水的收集、转输与排放。超标雨水径流排放系统，用来应对超过雨水管渠系统设计标准的雨水径流，一般通过综合选择自然水体、多功能调蓄水体、行泄通道、调蓄池、深层隧道等自然途径或人工设施构建。以上三个系统并不是孤立的，也没有严格的界限，三者相互补充、相互依存，是海绵城市建设的重要基础元素。

1.1.2 低影响开发技术体系

强调城镇开发应减少对环境（包括已建成区域已有设施）的冲击，其核心是基于源头控制和延缓冲击负荷的理念，构建与自然相适应的城镇排水系统，合理利用地表空间和采取相应措施对暴雨径流进行控制，减少城镇面源污染。

低影响开发（Low Impact Development, LID）是从基于微观尺度景观控制的最佳管理措施（Best Management Practices, BMPs）发展而来的，LID 理念由美国马里兰州环境资源署于 1990 年首次提出，主要是以分散式小规模措施对雨水径流进行源头控制（车伍 等，2009）。LID 是伴随着城市"空间限制""雨水收集利用""自然景观融合"的理念而发展起来的新一代的 BMPs（USEPA, 2000）。

LID 是指采用源头控制理念，恢复自然水文条件，尽可能使城市化区域管理和控制雨水的能力达到开发前的水平，它更强调与自然条件和景观结合的生态设计。LID措施占地面积小，可以在流域中的多个适用区域建设使用，特别是对于降雨强度低的小型降雨，通过这种小规模的源头控制方式，如建设绿屋顶、雨水罐等，不但可以减少径流量，还可以收集雨水用于浇洒、冲洗等（陈彦熹，2013）。

LID 是一项基于综合性措施来管理城市雨水的方法，可归纳为五个方面：(1) LID场地规划，定义了发展的范围，减少整个场地不透水区面积，分割不透水区，修改或增加水流流动距离；(2)LID 水文分析，划定流域和微流域面积，确定设计暴雨，确定采用的模型技术，收集开发前的水文条件信息，评价开发前条件和发展基础设施，评价场地规划效益并与基准比较，评价综合管理措施（Integrated Management Practices, IMPs），一般评价外加措施的必要性；(3)LID 综合管理措施，确定所需的水文控制，评价场地所受限制，筛选候选的 IMPs，评价候选的 IMPs，选择首选的 IMPs 组合和设计，必要时采取附加措施（常规控制）；(4)LID 侵蚀和沉淀控制，规划施工净度，土壤腐蚀控制，沉淀控制，维护；(5)LID 公众宣传计划，确定公众宣传计划的目的，确定目标听众，制定宣传材料，分发宣传材料（车伍 等，2009）[6]。

LID 的主要技术措施分为五个部分，如表 1.1 所示。

表 1.1　LID 技术措施分类

项　目	技术说明	技术措施举例
保护性设计	通过保护开放空间，如减少不透水区域面积，降低径流量	透水铺装、绿色屋顶
渗透技术	利用渗透既可减少径流量，也可处理和控制径流，还可以补充土壤水分和地下水	雨水花园、植物过滤带
径流输送技术	采用生态化的输送系统来降低径流流速，延缓径流峰值时间等	植草沟
过滤技术	通过土壤过滤、吸附、生物等作用来处理径流污染，通常和渗透一样可以减少径流量、补充地下水	植物过滤带
低影响景观	将雨洪控制利用措施与景观相结合，选择适合场地和土壤条件的植物，防止土壤流失和去除污染物等，可以减少不透水面积、提高渗透潜力、改善生态环境	生物蓄留池、植草沟

LID 理念提倡因地制宜，既适用于新区域的开发，也适用于旧区域的改建。LID 理念目前在美国、英国、澳大利亚、日本等国家均有采用。研究和实验表明，LID 措施可以削减 30% ~ 99% 的暴雨径流量，延迟暴雨径流峰值出现时间 5 ~ 20 min；还能有效去除雨水径流中的 N、P、油类、重金属等污染物，中和酸雨（Gill et al., 2007; Hood et al., 2007）。

1.2　国内外研究进展

自 20 世纪 50 年代以来，随着人类的进步和全球城市化的飞速发展，国内外许多大中型城市因硬化铺装面积增加，不同程度地破坏了城市雨水入渗，导致降雨积蓄在铺装表面形成地表径流，洪灾频发；同时，人类对城市地下水大量开采，传统的雨水"快排"模式又将雨水直接排放，降雨无法补给地下水，导致城市地下水资源的严重缺失，城市内涝、缺水、水污染等一系列水环境问题逐渐成为大中型城市的主要环境问题之一。2015 年发布的《联合国水资源开发报告》中明确指出，全球滥用水的情况非常严重，从目前的走势来看，到 2050 年，"全球性水亏缺"将是世界各地面临的艰巨挑战，届时随着气候的变化，全球对水资源的需求量预计会增加一半以上（杨茗，2016）。

基于日益严重的全球水环境问题，人们意识到保护水资源、解决水环境问题的重要性，针对雨水资源的开发和利用进行了一系列的尝试和研究。国外对于雨水处理与资源化利用的探索起步较早，自 20 世纪 70 年代开始，美国、英国、德国、日本等国经过多年的研究，已经具备了丰富的管理经验，形成了较为完善的理论和技术体系，并根据各国各城市的实际情况建设了包含多种雨水利用设施的住宅区、学校、城市公园等经典项目，在削减雨水径流、补充地下水资源、控制雨水径流污染等方面均有一定成效，实现了雨水资源的可持续利用。

我国的城市雨水利用历史悠久，北海团城、新疆的坎儿井、西北的水窖以及民居中的雨水天井和渗池都是这方面的实例（杨芳绒 等，2010）。但针对近年来不同程度的城市内涝、缺水等水生态问题，更具规模化和实用性的低影响开发雨水利用研究起步却较晚，暂处于发展初期，但发展较为迅速，自 2012 年陆续在全国层面提出了建设"海绵城市"、转变排水防涝方式等一系列重要举措，确立两批海绵城市建设试点城市，大力开展城市雨水利用的研究与建设，不断提出新理论新方法，在实践中逐步探索适于我国现状的雨水利用方式与经验，在解决城市区域内涝问题等方面取得了一定的成效。

1.2.1　国外雨水利用研究进展

（1）美国

美国的雨水资源利用起步较早，且一直处于领先地位。20 世纪 70 年代以前，城市降水在美国通常被视作废水而非一种可利用的资源，城市雨洪管理主要以建设传统雨水管网（灰色基础设施）从而促进雨水快排为主（胡宏，2018）。自 1972 年的《清洁水法》开始，美国提出最佳管理措施（BMPs），分为工程措施和管理措施两类（Merriman et al.，2006），通过改变或切断污染源的传播途径，增加渗透来减少地表径流，因其高效、经济、符合生态学原则，现已推广到其他国家（章茹，2008）。而后，美国马里兰州环境资源署于 1990 年首次提出低影响开发（LID）理念，主要以分散式小规模措施对雨水径流进行源头控制，是一项基于综合性措施来管理城市雨水的方法（车伍 等，2009）[6]。1999 年，美国保护基金会和农业部门组成的团队正式确立绿色基础设施（Green Infrastructure, GI），更加强调连续性的绿色空间网络体系和对生态环境的价值（Williamson, 2003），进一步丰富了多尺度的可持续雨洪管理模式。此外，美国于1971年开发了暴雨洪水管理模型（Storm Water Management Model, SWMM），包含水量与水质运算及管理功能，是最早提出并广泛用于城市排水系统水量水质模拟的综合模型之一，目前最新版本为SWMM 5.0，实现了从磁盘操作系统（Disk Operating System, DOS）到Windows可视化界面软件系统的飞跃（司璐 等，2015）；美国陆军工程师兵团水文中心的"暴雨"（STORM）模型，该程序可以计算径流过程、污染物的浓度变化过程，用于工程规划阶段对流域长期径流过程的模拟。

近年来，美国基于对上述理论方法的研究与探索将雨水利用理念融入城市建设中，进行了多种雨水利用创新方式的实践。1995年在整治纽约中央公园项目中安装了总长达94 km的地下排水和灌溉系统，400万棵各类植物和4个水域，有效避免了城市洪涝的出现，中央公园也成为了现在纽约城市的生态廊道（姜丽宁，2013）。

20世纪90年代起，美国雨水花园技术发展最为快速，目前最为成功的典型代表是雨量充沛的波特兰市，通过一系列的浅滩、小瀑布形成串联的水池，使得暴雨通过不同层级水池跌落后高效可行地降低流淌速度，通过增加水与泥土的接触时间创造更有效的下渗条件，发展出雨水花园设计体系。

20世纪90年代以后，美国开始对生态屋面进行研究。2004—2005年，美国的屋顶绿化面积以超过80%的速度持续增长。美国绿色建筑协会（U.S. Green Building Council, USGBC）颁布的能源与环境设计先锋（Leadership in Energy and Environmental Design, LEED）绿色建筑评估标准体系被认为是目前世界上的各类建筑评估、绿色建筑评估以及建筑可持续性评估标准中最完善、最有影响力的评估标准，已被美国48个州和国际上7个国家采用，还推行了格林格瑞屋顶绿化系统和Liveroof屋顶绿化系统等先进技术（王雅楠，2012）。

20世纪初，美国各大城市纷纷着眼于绿色街道的实践与示范，引导街道暴雨水径流尽量流经绿色景观区域，使城市雨水变废为宝，其中尤以波特兰市的实践最具代表性，东北锡斯基尤街（图1.1）绿色街道项目更是成为"以自然方法管理街道暴雨水"的示范性工程（张善峰 等，2011）。

此外，美国从20世纪90年代后期开始陆续颁布了一系列关于暴雨管理及雨水利用的技术指南，在促进本国雨水利用发展的同时，也为许多其他国家及城市的雨水利用提供了先导性的经验和先进技术。

图 1.1　美国波特兰东北锡斯基尤街绿色街道（张善峰 等，2011）

（2）德国

德国水资源充沛，却从 20 世纪 80 年代就开始重视雨水的管理利用，将其列为 90 年代污染控制的三大课题之一，修建了大量的雨水池用于截留、处理或利用天然地形以及人工设施渗透雨水。目前已形成了比较成熟和完整的雨水收集、处理、控制和渗透技术及配套法规体系。1989 年，德国出台了《雨水利用设施标准》（DIN1989），对住宅区、商业区和工业部门雨水利用设施的设计、施工和运行管理，过滤、储存、控制与监测 4 个方面制定了相应的标准，到今天已发展为"第三代"雨水利用技术，并在 2000 年汉诺威世博会建设与柏林波茨坦广场等大型综合项目中有所体现，成为国际上雨水资源利用技术最为先进的国家之一。近年来，德国推出了一系列雨水利用创新产品设备，如 Q-Bic 雨水箱、HSR 水平格栅、门式冲洗系统、AWS 水力翻斗、轴流喷射器等。

德国现行的雨水资源利用形式主要有以下 5 种：

一是屋面雨水利用。通过屋面集蓄系统对雨水进行收集，再用于生活和工业用水。如慕尼黑新机场的屋顶设置有雨水收集设施，将雨水收集后一部分用于机场的非饮用用水，剩余部分通过管道排入排水系统，保证了雨水顺利排放、入渗，维持了原水量和水质的平衡（米文静 等，2018）[11]。

二是屋顶花园雨水利用。不仅可以作为雨水继续利用的预处理措施，还能调节建筑温度、减轻城市热岛效应（米文静 等，2018）[11]。德国自 20 世纪 60 年代开始研究屋顶绿化，80 年代起更加注重研究屋顶绿化所能带来的生态效益（王雅楠，2012）[9]。德国景观研究发展与建设学会（Forschungsgesellschaft Landschaftsentwicklung Landschaftsbau，FLL）制定的标准是当今屋顶绿化领域内最全面最权威的一项指南，其屋顶绿化企业还为世界提供了如海纳尔屋顶绿化系统、威达种植屋面系统技术等先进的绿化理念、成熟的配套产品和相关技术，形成了世界上最具有代表性的屋顶绿化发展水平（和晓艳，2013）。

三是道路雨水截污与渗透。在城市街道雨水入口设置截污挂篮，以拦截雨水径流携带的污染物，将机动车道所收集的径流直接送至污水处理厂处理，高速公路所收集的径流则要进入沿路修建的处理系统处理后才能排放。目前德国城市道路透水路面面积达80%以上（米文静 等，2018）[11]。

四是生态小区雨水利用。20世纪90年代开始在德国兴起，利用生态学、工程学、经济学原理，通过人工设计，依赖水生植物系统或土壤的自然净化作用，将雨水利用与景观设计相融合，实现人与生态的和谐统一（米文静 等，2018）[11]。具体做法和规模依据小区特点而不同，一般包括屋顶花园、水景、渗透、中水回用等，一些小区还开发出集太阳能、风能和雨水利用水景观于一体的花园式生态建筑。典型代表为曼海姆Wallstadt小区和汉诺威Kronsberg小区，在能源和建筑材料方面体现绿色环保，雨水利用采用绿地、入渗沟、洼地、明渠、蓄水池、透水铺装等多种设施，结合水生植物营造实用性与观赏性统一的居住区景观。

五是一种近年来在德国流行的新型雨水处理系统"洼地—渗渠系统"。该系统包括多个洼地、渗渠等组成部分，与带有孔洞的排水管道连接，通过雨水在低洼草地中短期储存和在渗渠中的长期储存，保证尽可能多的雨水得以下渗。该系统代表了一种新的排水系统设计理念，即"径流零增长"，以求使城市范围内的水量平衡尽量接近城市化之前的降雨径流状况。其优点在于不仅大大减少了因城市化而增加的雨洪暴雨径流，延缓了雨洪汇流时间，同时由于及时补充了地下水，可以防止地面沉降，使城市水文生态系统形成良性循环。

值得一提的是，法规支持和政策导向是德国雨水利用成功的关键，自1988年在各州相继实施对于建筑和私有住宅雨水利用节水项目的资助鼓励政策和中水污水处理收费制度，从而有力地促进了德国城市雨水利用技术的推广与应用。

（3）英国

英国是城市内涝影响较为严重的国家之一，强降雨是引发英国城市内涝的重要原因，传统排水方式以"快排式"为主，造成了雨水资源的浪费和径流污染（米文静 等，2018）[11]。

对此，英国在 1999 年建立了可持续排水系统（Sustainable Drainage Systems, SUDS），目的是解决传统排水体制产生的多发洪涝、水体污染和环境破坏等问题，在 BMPs 的基础上发展建立本土化的雨水管理措施体系，由管理与预防措施、源头控制、场地控制、区域控制四个等级组成管理体系（图 1.2）。英国 Wallingford 公司开发的城市综合流域排水模型（Integrated Catchment Management, ICM）可完整模拟城市雨水循环过程，还具有城市洪涝灾害的预测评估及解决方案的决策支持功能（方正 等，2016）。

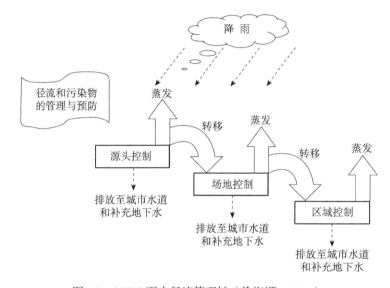

图 1.2　SUDS 雨水径流管理链（徐海顺，2014）

近年来，英国大力推广建筑及住宅雨水采集系统，通过为新建建筑配备现代雨水采集系统减少自来水用量，技术已相对成熟，并在建筑法等行业相关法规中明确了建筑节水要求。英国政府为迎接 21 世纪兴建的格林威治世纪穹顶，其雨水收集利用系统每天可回收 500 m³ 水，其中 100 m³ 为屋顶集雨系统收集的雨水，这些水一部分用来冲洗厕所等，多余的雨水经过 24 个专门设置的汇水斗进入地表水排放管中（米文静 等，2018）[11]。

（4）日本

日本是亚洲重视城市雨水利用的典范，其淡水资源相对短缺，20 世纪中后期为发展工业大兴水利造成地面下沉、污染严重，政府在 80 年代转变思路推行了雨水贮留渗透计划，1992 年颁布了《第二代城市下水总体规划》，将雨水收集利用设施作为城市规划建设的重要部分，规定新建和改建的大型建筑需设置雨水蓄排设施。2000 年，日本制定了新的《日本全国综合水资源规划》，构建可持续的用水体系。

　　日本雨水资源利用设施包括公共设施下的雨水调蓄池、连通低洼地区雨水的地下河、透水路面下的渗水井、低洼区域的排水泵站等。位于东京都墨田区的两国国技馆是日本大型公共设施利用雨水资源的典范，其屋面雨水利用设施最多可收集 1000m³ 雨水（米文静 等，2018）[11]。此外，日本对于屋顶绿化的研究实践较为成功，在技术方面一直保持自身特色并大力发展，在公共建筑、厂房、学校、车站等地屋顶上，几乎都有植物绿化，1995 年建成的福冈 ACROS 阶梯式屋顶花园用雨水逐级下流的浇灌方式取代了人工浇水（图 1.3），成为日本屋顶绿化的经典案例（王雅楠，2012）[9]。

图 1.3　日本福冈 ACROS 阶梯式屋顶花园（王雅楠，2012）[9]

（5）北欧

　　北欧国家在雨水利用管理领域也进行了相关研究与实践。瑞典对于城市雨水利用的研究起步于 20 世纪中期，20 世纪初期主要以地下封闭管道排水，强降雨时硬化地表径流增加导致未经处理的废水直接流入湖泊河流；20 世纪 50 年代开始使用净化设备处理废水，但由于其封闭性仍无法缓解强降雨导致的径流污染，因此，瑞典从 20 世纪中后期开始探索可持续开放雨水管理，从源头处理延迟径流、多种途径转移分流、过滤吸收渗透、植物净化蒸散等方面实现城市雨水循环利用。70 年代提出本地洪涝管理（Lokalt omhändertagande av dagvatten，LOD）技术，通过开放水体实现城市用水的渗透、蒸发、阻滞等过程（Jönsson，2015）。瑞典各大城市中的雨水利用设施随处可见，并将其作为增加城市美学价值的资源进行设计，营造自然和谐的城市景观。瑞典在推行绿色街道建设方面经常采用渗透性地面涂料和"蓝绿色基础设施"规划城市雨水景观，强调水和植物间的相互作用，用内设水生植物与过滤材料的下凹型小型生物滞留池来收集过滤道路雨水径流（图 1.4）（Helmbold, 2016）；斯德哥尔摩南部新区哈默比生态城采用绿色屋顶和植物净化增加雨水的渗透；哥德堡的雨水花园采用可融水的过滤材料防止在寒冷气候时雨水冻结无法下渗（Eliasson, 2013）；马尔默奥古斯滕堡生态社区提出社群自治计划，用 0.25 m 厚的粗砂砾层代替沥青促进雨水下渗，运用临时洪水区、中央排水管等设施营造可持续的人居环境（图 1.5）；马尔默西港 Bo01 住宅示范区运用路边排水渠、雨水桶、分流渠、过滤沟、管道口种植箱、多孔材料砾石等渗透铺装材质（图 1.6），在进行雨水可持续利用的同时更加注重水的美学特征，实现了实用性与观赏性的统一（Jönsson, 2013）。

图 1.4　瑞典街道"雨床"设施（Helmbold, 2016）

图 1.5　瑞典马尔默奥古斯滕堡生态社区雨水利用设施（Eliasson, 2013）

图 1.6 瑞典马尔默西港 Bo01 住宅示范区雨水利用设施（Jönsson, 2013）

丹麦议会在 20 世纪 80 年代颁布了第一个丹麦水生环境行动计划（Danish Action Plan for the Aquatic Environment, APAE）和第一个区域计划，并将包括欧洲水框架指令（Water Framework Directive, WFD）在内的欧盟法规通过流域管理计划等方式转换为丹麦法律和水体管理计划，从而约束城市污水废水的排放（Elahi, 2014）。首都哥本哈根近年来也在实施暴雨管理计划，2010—2011 年连降暴雨后，并未盲目扩张城市现有的排水系统，而是将雨水分散在绿地等滞留区域中，通过低影响开发雨水系统构建模式处理城市的边角地带，在低洼区域开挖更多雨水贮存空间，非汛期可供市民休闲，汛期则作为雨水滞留池。在街道绿化带的设置方面，在非机动车道下挖一条沟渠，以预制混凝土做出一长条储水空间，最后盖上预制混凝土板，解决了街道绿化与交通空间共存的问题。

在挪威，雨水利用同样随处可见，奥斯陆南森公园于 2008 年对外开放，建于奥斯陆国际机场旧址上，是挪威最大的工业改造工程之一。其中大量运用了海绵城市理论，采用最小人工干预的手法，充分利用现状合理设置下凹式绿地、雨水花园、植草沟等，让雨水蓄存下来，补充公园水景，成功构建了低影响开发雨水系统（杨璠，2016）。

（6）其他

澳大利亚、新西兰、新加坡等国在城市雨水利用领域也进行了多年的研究。20 世纪 80 年代末，澳大利亚首次提出水敏感城市设计（Water Sensitive Urban Design, WSUD），强调通过城市规划和设计的整体分析方法来减少对自然水循环的负面影响和保护水生生态系统的健康（王思思 等，2010）。1999 年，新西兰将 LID 与 WSUD 相结合，提出了低影响城市设计和开发（Low Impact Urban Design and Development, LIUDD），通过适当的规划、投资和管理手段，建立了一整套综合的方法来避免传统城市开发在环境、社会、经济方面的弊端，并同时实现生态系统的保护与恢复。除理论研究外，自 2002 年以来澳大利亚和新西兰还陆续颁布了《悉尼地区水敏感规划指南》《暴雨管理设施：设计向导手册》《雨水花园指南》等一系列技术与管理指南。近年来，澳大利亚开发了专业低影响开发设计软件 XP Drainage，用于帮助用户以清晰流畅的可视化方式实现雨水控制设施全方位的水量和水质控制模拟与分析设计；开发了 XP SWMM 软件，用于模拟河流系统及雨水管理等，目前已应用于北京、上海、成都多个城市的排水系统分析及低影响开发模拟项目中；开发了城市雨水整治概念模型（Model for Urban Stormwater Improvement Conceptualization, MUSIC）；Star Water Solutions 公司发明了高级生物过滤系统（advanced biofiltration system）这一先进技术并在国内外多个案例中得到应用。

雨水花园的建设在这些国家也较为广泛，如澳大利亚墨尔本爱丁堡雨水花园、新西兰梅西公园、新加坡加冷河碧山公园改造项目都是较为成功的雨水花园，运用多种雨水利用设施加快雨水的下渗，减少地表径流，同时收集净化后实现雨水资源的再利用，不仅解决了干旱和洪涝的环境问题，也为当地居民的城市生活创造了新的空间和自然环境。

近年来，全球化的城市雨水利用已不仅限于上述起步较早的发达国家。2005 年，被称为水资源领域"诺贝尔奖"的"斯德哥尔摩年度水奖"颁发给了印度科学和环境中心，以表彰其成立 25 年来在雨水资源开发利用领域所取得的成就。统计数据显示，通过充分收集及利用雨水，新德里等一些城市的地下水位正在稳步上升。肯尼亚、博茨瓦纳、纳米比亚、坦桑尼亚、墨西哥和巴西等国家，在联合国开发计划署和世界银行等国际组织的资助下，都相继开展了雨水的资源化利用（杨芳绒 等，2010）[8]。未来，还将有更多国家开展城市雨水资源利用的研究与实践，为解决全球水环境问题共同努力。

1.2.2 国内雨水利用研究进展

改革开放以来，我国城市排水设施有了较快发展，截至 2009 年全国 668 个城市的城市排水管道长达 34.4 万 km，城市排水管道密度 9.0 km/km²，养护维修也日趋机械化、自动化（张玉鹏 等，2012）。但雨水处理理念仍旧是传统的"快排式"，忽略了对城市水环境的保护和对雨水资源的利用，从长远角度上并不利于城市的发展。20 世纪 90 年代以后，国家开始重视雨水利用和水资源持续发展的研究，城市雨水管理开始发展，北京、上海、珠海、南京等城市对雨水污染与处理等方面也进行了初步探索与研究，《城市排水工程规划规范》（GB 50318—2000）、《室外排水设计规范》（GB 50014—2006）、《建筑与小区雨水利用工程技术规范》（GB 50400—2006）等相关技术规范相继发布，初步建立了雨水收集、处理、利用的标准与体系，为各城市的雨水管理工作提供了参考。

随着城市雨水管理发展过程中出现的新问题，2012 年 4 月，在 2012 低碳城市与区域发展科技论坛中，"海绵城市"概念首次提出，指城市能够像海绵一样，下雨时吸水、蓄水、渗水、净水，需要时将蓄存的水"释放"并加以利用，从而提升城市生态系统功能和减少城市洪涝灾害的发生。其内涵是实现城镇化与环境资源的协调发展，让城市"弹性适应"环境变化与自然灾害，将排水防涝思路由传统的"快排式"转变为"渗、滞、蓄、净、用、排"相结合的方式，通过源头削减、过程控制和末端措施，使城市开发前后径流总量、峰值流量、峰现时间基本不变，从而系统解决水安全、水生态、水环境问题。2013 年，习近平总书记在中央城镇化工作会议上提出建设"自然积存、自然渗透、自然净化"的海绵城市，2014 年 12 月，财政部下发《关于开展中央财政支持海绵城市建设试点工作的通知》（财建〔2014〕838 号），2015 年国务院办公厅印发《国务院办公厅关于推进海绵城市建设的指导意见》（国办发〔2015〕75 号），从国家层面将海绵城市建设提到了新的高度。2015 年和 2016 年我国分别确定第一批 16个和第二批 14 个海绵城市建设试点城市名单拨付专项资金补助用于各地解决城市水环境问题。

近年来，随着我国大力推进海绵城市建设，各地根据自身特点，结合研究与实践不断探索城市雨水资源利用的新技术新方法，相继编制了海绵城市建设相关标准导则及技术指南，为自身及其他城市提供理论技术与经验参考。2006 年中国建筑工业出版社出版的《城市雨水利用技术与管理》，系统总结论述了城市雨水利用技术与管理。住建部于 2014 年出台的《海绵城市建设技术指南——低影响开发雨水构建（试行）》，为各地推广应用低影响开发建设模式提供了指导和参考；2015 年出台的《海绵城市建设试点绩效评价与考核办法》（建办城函〔2015〕635 号），为海绵城市建设效果的评价与考核提供了参考指标；同年组织编制国标图集 15MR105《城市道路与开放空间低影响开发雨水设施》。北京市于 2012 年发布《新建建设工程雨水控制与利用技术要点（暂行）》和《北京城市空间立体绿化技术导则》等雨水利用相关技术指导文件，2013 年颁布地方标准《雨水控制与利用工程设计规范》（DB 11/685—2013）给出了北京地区不同雨水径流类型的水质指标参考值，对北京地区的雨水收集利用及处理设施要求作了详细说明，给出"日调节计算法"确定雨水池回用容积流程及雨水控制与利用系统的数值模拟流程。上海市于 2015 年发布了《上海市海绵城市建设技术导则（试行）》，用于指导上海市海绵城市建设项目的设计、施工、管理及建后评估，其中还列出海绵工程措施造价估算及推荐植物种类；2016 年发布了《上海市海绵城市建设技术导则图集（试行）》。南京市于 2016 年编制了《南京市城市道路海绵城市技术工程指南》，给出南京市道路 LID 设施适用技术，筛选出南京市适宜采用 LID 设施的城区道路。江苏省于 2018 年编制了《江苏省城市道路绿化海绵技术应用指南》，详细给出了道路及停车场绿化的海绵技术设计要点及绩效监测指标体系。武汉市于 2015 年发布《武汉市海绵城市规划设计导则（试行）》，其中针对不同海绵城市建设评估指标给出了较为详尽的技术准则。厦门市于 2015 年发布《厦门市海绵城市建设技术规范（试行）》，2016 年发布《厦门市海绵城市建设技术标准图集（试行）》（DB 3502/Z5009—2016）、《厦门市海绵城市建设工程施工与质量验收标准（试行）》（DB 3502/Z5010—2016）、《厦门市海绵城市建设工程材料技术标准（试行）》（DB 3502/Z5011—2016）三项标准化技术文件。深圳市于 2015 年发布《低影响开发雨水综合利用技术规范》，给出了各类 LID 设施的详细施工流程。南宁市于 2015 年发布《南宁市海绵城市规划设计导则》，给出 SWMM 等常见模型在海绵城市建设中的应用方法，同年发布《南宁市海绵城市建设技术——低影响开发雨水控制与利用工程设计标准图集（试行）》。此外，吉林、湖南、济南、昆明等省、市也发布了相关技术导则及图集。

同时，各地积极将近年来海绵城市建设技术应用于城市建设项目中，在缓解城市内涝灾害及雨水资源化利用方面取得了显著成效。北京奥林匹克公园中心区雨洪利用工程（图 1.7）充分利用多种 LID 设施及信息化的雨洪调度系统，实现了水资源的优化配置，2009 年雨洪利用综合利用率高达 98%（郑克白，2013）。上海世博园区通过屋顶绿化、低洼绿地、多孔沥青或混凝土等多种渗透性铺装强化雨水的存蓄和下渗，有效减少雨水径流。南京市天保街生态区运用地理信息系统（GIS）与 SWMM 软件对城市道路水环境综合分析，构建了一套适用于江南高水位、无冻土地区的城市道路海绵系统，并基于物联网及传感器技术构建海绵绩效监测平台（图 1.8），实现了 PC 端和手机端对海绵绩效的全天候实时定量监测（成玉宁，2017）。深圳市光明新区门户区开展了市政道路低冲击开发设计采用 SWMM 模型计算确定设计目标（图 1.9），是国内首次对成片区路网进行低冲击开发系统设计，开启了国内 LID 市政道路的探索（唐绍杰等，2010）。南宁市利用 GIS 和 WEB 技术，基于 C/S 和 B/S 相结合的系统架构，利用 SQLServer2000 数据库平台，建立了内涝应急数据库和城市内涝监测预警系统（叶青，2012）。昆山市湖滨路项目采用生态边沟与雨水滞留器有效降低了雨水污染，固体悬浮物去除率约为 95%。此外，武汉、成都、郑州等多地在城市建设项目中，采取海绵设施的同时更加侧重网络技术的应用，逐步完善着对我国海绵城市建设新技术新方法的探索。

图 1.7　北京奥林匹克公园中心区雨洪利用工程（郑克白，2013）

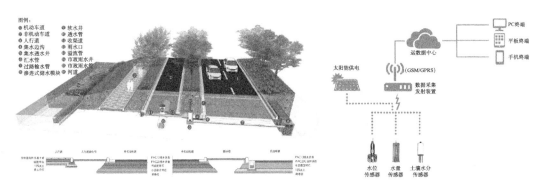

图 1.8　南京市天保街生态区道路做法及海绵绩效监测系统构成（成玉宁 等，2017）

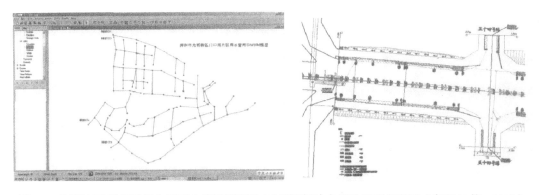

图 1.9　深圳市光明新区门户区雨水管网模型及 36 号路低冲击开发平面布置图（唐绍杰 等，2010）

通过多年的探索与实践，我国已研发出一系列适用于我国海绵城市建设的 LID 材料设施和监测系统等创新产品设备，并已应用于多个建设项目中。如彩色透水沥青混凝土、透水胶粘石、透水砖、立体涡轮雨水算子、改性高密度聚乙烯生态树池等 LID 设施产品，上海海纳迩铺贴式墙体绿化技术、莱多蓄水模块、地埋一体机、雨水复合流过滤器、雨水弃流装置、截污挂篮沉淀装置，北京浦华高通量雨水净化设备、高精度雨水净化设备、高精度限流阀、合流制溢流污染控制设施，苏州础润雨水自洁系统；重庆利迪中水回用系统，昆山科尔源液体涡轮流量计、电磁流量计，唐山汇中 SCL-9 多声路超声流量计等集成设备系统等。

总体看来，我国城市雨水利用经过多年的探索已取得了丰硕的成果，但仍有较大发展空间，在当前快速发展的进程中，研究借鉴国内外先进技术与管理经验有助于更好地构建新时期中国特色雨水资源利用模式，完善城市雨水资源利用体系，从而真正改善城市的水生态环境，推动我国的生态文明建设进程。

1.3 研究目的和意义

1.3.1 研究目的

"海绵城市"已经从书本上的概念变成了我国许多城市正在切实执行的一个雨水控制利用的相关工程。雨水控制利用也已经不再是新兴的名词，而是一个已经被赋予了重要意义的关键词。雨水控制利用就字面上的含义来说包含两个方面内容，一个是控制，另一个是利用。控制是指把雨水带给我们的负面作用降到最低，而利用是把雨水的用途达到最大化。城市绿地是城市水文循环系统的重要组成部分，城市绿地通过入渗与滞蓄雨水来降低绿地地表径流，起到延迟、削减洪峰的作用。对于水资源匮乏的城市，雨水管理及利用成为国内外城市生态学研究与绿色基础设施规划设计的重要议题。城市水资源匮乏问题及城市快速化发展带来的雨洪问题已经越来越严重，城市绿地耗水却尚未形成统一合理的雨水利用系统。

建设海绵城市是国家重大战略，在这样的背景下一个新的雨水管理理念越来越受到重视，这就是低影响开发（LID）。该技术目前在国内已经有一些应用，但并不是所有的设计都是最合理的，如何科学地把雨水资源的控制利用与景观相结合起来是我们需要更进一步研究的课题。基于国外现有经验和案例的模仿，并没有对其具体内容进行研究，本书对具体实施方法进行归纳，为其技术在中国的应用提供参考。低影响开发是构建海绵城市的重要途径，绿地系统是构建海绵型城市的重要场地。城市低影响开发的关键技术都要依赖绿地建设来实现，通过一定的措施和手段使得雨水入渗或存储与利用，并消减地表径流量。北京市各行业需紧密配合积极推进海绵城市建设。

本课题以北京市园林科学研究院"园林绿地生态功能评价与调控技术北京市重点实验室"为依托，按照集成示范与研发应用相结合的思路，借鉴现代雨洪管理措施以及园林绿地雨水利用控制领域研究进展，巩固转化已有专利成果，围绕城市绿地水资源高效利用技术问题，进行相关技术集成、示范和量化分析，开展具有代表性的示范工程建设，保证城市绿地生态功能提升的前提下，解决城市绿地集水、用水最佳管理技术难点，形成科学量化的标准、可操作易执行的管控程序和工程示范模式，并进行推广应用，为完善和提高绿地水资源利用效率提供改造和新建的范例，寻求解决水资源高效利用管理技术的新突破。同时，成果可系统地推进北京市水生态保护和水资源管理，对解决北京城市建设领域中的资源、环境以及能源问题提供有价值的新思路。

1.3.2　研究意义

（1）建设海绵城市是国家重大战略

绿地系统是构建海绵型城市的重要场地，低影响开发是构建海绵城市的重要途径。2014年10月我国住房和城乡建设部出台了《海绵城市建设技术指南——低影响开发雨水系统构建（试行）》，明确提出推广建设"海绵城市"。2016年4月北京入选国家第二批海绵城市建设试点城市，北京市各行业需紧密配合积极推进海绵城市建设。

（2）城市内涝与绿地需水矛盾并存

现有城市绿地内雨水资源的利用还未受到足够的重视，90%以上都没有设置专门的雨水利用系统，造成地表径流系数变大。也就是说，降雨后原本可以被自然地面吸收、渗透的"损失水量"大大减少，大部分雨水转化为地表径流。而城市绿化继续保持快速发展，绿地面积不断增加，绿地灌溉需水量大幅增加。雨水资源存在巨大浪费。城市绿地雨洪集蓄与利用技术亟须优化整合及推广。

（3）城市绿地灌溉技术尚需完善，蓄留雨水不能被充分利用，增加了雨洪压力

城市绿地生态功能与景观功能等都依赖于园林植物的健康生长，鉴于北京地区降

水季节分配不均的特征，90%集中于夏季汛期，春秋冬干旱，园林植物需要合理灌溉才能最大发挥其综合功能。尽管部分绿地已具备喷灌、滴灌等先进灌溉设备，远程灌溉控制的应用比例也在逐步增加，但绿地土壤水分与植物状况空间异质很高，灌溉设备的核心控制技术不能指导目前各地块的按需灌溉，何时、何地、何量灌溉，仍以人工主观判断为主，不但影响植物生长、造成水资源浪费，而且再降雨易形成地表径流，增加雨洪压力。

（4）缺乏绿地雨水综合利用技术导则、规范及标准

绿地雨水利用技术的实用性和易用性不足，集成度不高，雨水利用工程的建设缺乏有体系、有特色的雨水利用的技术体系，大部分设计部门对雨水利用设施的设计和规划上存在误区，应用方面也还有待于推广。

1.4　研究内容、方法及技术路线

1.4.1　研究内容

（1）北京城市绿地土壤水分入渗性能研究

通过对北京城区不同类型绿地土壤的渗透性能和土壤特性的现场调查与采样分析，研究北京市不同类型绿地的土壤水分入渗特征及其与质地、容重和孔隙度等土壤物理性质之间的关系，增强对北京城市绿地土壤特性的认识，为绿地设计与绿地的径流蓄渗作用的发挥提供基础数据。

（2）园林植物耐涝能力评价与筛选

以常用园林植物作为研究对象，对其耐涝能力进行系统的分析比较，观测植物的表观生长状况及根系的变化情况，为雨水花园等筛选耐涝多用途的优新植物种，并提出一套耐涝植物的评价体系。

（3）研究适合北京地区的绿地雨水蓄渗利用技术设计规范

在广泛了解国内外各类绿地雨水蓄渗利用工程技术现状的基础上，针对北京地区气候条件和植被的特点，深入研究适合北京地区绿地雨水蓄渗利用工程的主要构成要素，包括低影响开放设施、地形、土壤、给排水、植物材料、种植模式、硬质景观材料和相关的配套技术措施，形成符合北京地区绿地雨水蓄渗利用工程的施工、养护管理和工程验收的技术规范。

（4）绿地按需灌溉系统构建

建立绿地基础数据库，在现有的设施基础上，设置建立绿地状况监测系统；以植物—土壤水分相互作用模型为核心，建立园林绿地生长与耗水模型，构建绿地按需灌溉决策系统；灌溉实施系统建立，基于绿地监测数据与养护需求生成日灌溉指令，以表格方式，通过自动与人工两条途径执行。

（5）示范区应用

以朝阳区望和公园为试点单位，将城市绿地综合雨水蓄渗净用工程系统进行应用与效果评价。

以陶然亭公园为试点单位，将灌溉管理系统在院内绿地中进行应用与调试，并对效果进行评价。

以北京市园林科学研究院为试点单位，综合雨水花园技术应用，建设雨水花园示范工程。

以迁安市颐景园小区为试点单位，使用SWMM模型对其改造后的效果进行评估。

1.4.2 研究方法

（1）文献查阅法

通过查阅国外相关的指导指南，并对国外相似概念进行整理研究；查阅雨水控制利用的基础理论，并以国内外雨水控制利用效果较好城市绿地为实际案例进行相关文献查阅研究。吸取适合北京地区运用的理论和方法，认真总结和归纳。

（2）实地调研法

对北方地区已建成的雨水控制利用城市绿地进行分类研究，并实地调研，对其中应用的具体设施和策略进行记录，从而研究现阶段北京地区雨水控制利用的现状、发展方向和遇到的实际问题。

（3）归纳总结法

对之前查阅的相关资料进行汇总，同时结合实地调研的基础信息，分类整理、综合分析，在上述研究的基础上，结合北京的实际情况，将"海绵城市"理论与城市生态景观建设有效结合起来，使理论具有可信的说服力、针对性，对实际操作有指导意义。

（4）实验分析法

对于需要通过客观定量分析得出结果的研究，通过实验分析的方法进行验证，主要包括北京地区耐涝园林植物的筛选、绿地按需灌溉系统构建、屋顶绿化基质雨水消减功能的评价以及北京地区绿地土壤渗透能力评价等。

1.4.3 技术路线

见图 1.10。

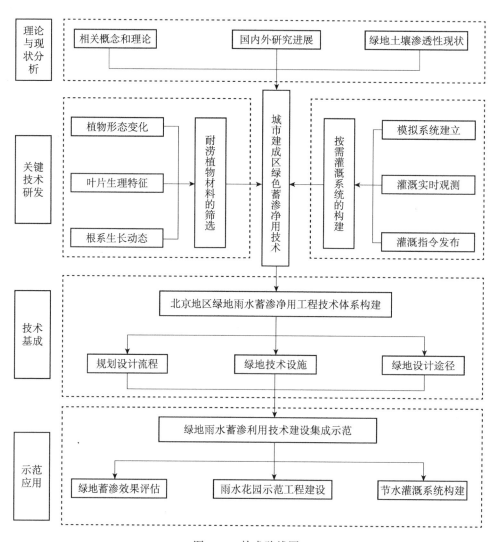

图 1.10 技术路线图

2

北京城市绿地土壤水分入渗性能研究

2.1 研究背景

在城市化发展进程中，不透水的铺装面积迅速升高，导致暴雨后城市严重积水洪涝现象的出现，污染物也伴随地表径流进入水体，已成为影响城市生态环境与市民生活质量的重要因素。绿地是城市生态系统中的重要组成部分，是一种天然的渗透设施，在消纳城市雨洪及控制城市面源污染方面发挥着重要作用。《国务院关于加强城市基础设施建设的意见》（国发〔2013〕36 号）中明确指出"提升城市绿地汇聚雨水、蓄洪排涝、补充地下水、净化生态等功能"。由此可见，绿地削减城市雨洪的重要作用已引起国家的重视，了解土壤入渗的基本知识并在绿地建设中科学、有效地应用显得尤为重要。

绿地土壤水分入渗是研究绿地土壤水分运动规律的重要内容，它决定了降雨和灌溉水进入土壤的数量，通过研究可以掌握绿地土壤的入渗率，正确地对植物进行浇灌，这样可以保证水分能被植物充分吸收，也可以在保证植物正常生长的情况下，发挥滞蓄消纳雨水的效果。欧美等发达地区和国家在绿地土壤水分入渗特性与绿地的雨水径流调蓄效应等方面已经进行了大量研究，结合土壤质地、孔隙度、有机质含量和含水率等因子对绿地土壤入渗性能影响进行了深入分析。在应用层面，国外重视绿地的雨水渗透能力，并在相关标准中对绿地提出了土壤入渗能力的要求，雨水花园和生物滞留系统已经成为发达国家常用的雨水处理与资源化利用技术。相对而言，我国在这方面的研究起步较晚，可供参考的文献很少，缺乏对城市绿地水分入渗性能的基础数据。此外，国内在绿地设计、施工、工程验收等环节均没有考虑土壤入渗这一重要指标，城市建设者普遍对土壤入渗的基本内涵、作用、影响因素和技术要求缺少必要的了解，更谈不上在实际工作中很好地应用。

本研究从区域实际出发，通过对北京市城区不同类型绿地土壤的渗透性能和土壤特性的现场调查与采样分析，以期增强对北京城市绿地土壤特性的认识，为绿地设计与绿地的径流蓄渗作用的发挥提供基础数据，为北京"海绵城市"建设提供技术支撑。

2.2 试验方法

2.2.1 研究区概况

选择北京市建成区的绿地为主要分析研究对象。北京市地处华北平原北部，背靠燕山。市域属典型的北温带半湿润大陆性季风气候，四季分明，降雨多集中在夏季，多年平均年降水量约为 480 mm。地带性土壤为褐土，质地多为壤土，透水性好。目前，北京市建成区面积约 1401 km²，绿地率 45.79%，绿化覆盖率 48.40%，人均公共绿地面积 39.84 m²。

2.2.2 监测点概况

本研究选取的绿地均位于北京市建成区。根据土地利用类别和人类活动强度，划分为道路交通区、商业区、文教区、居民生活区、公园 5 个功能区。每个监测点选择不同功能区代表性地段的绿地进行现场调查。除了部分道路隔离带林下枯落物丰富、人工养护较少外，其他绿地均人为设计乔灌草群落，林下以人工草坪为主，无林下枯落物。各监测点信息见表 2.1。

表 2.1 监测点基本情况

功能区类型	植被	样点数	监测点分布
道路交通区	乔灌草，部分乔草	15	机场高速隔离带，皇城根公园，滨河公园
商业区	乔灌草	15	金融街中心广场，月亮湾公园，六里桥城市森林公园
文教区	乔灌草	15	北京市园林科学研究院，北京林业大学，北京中医学院附中
居民生活区	乔灌草	15	玉桃园健身广场，后海公园，东四奥林匹克社区公园
公园	乔灌草	20	望和公园，天坛公园，海淀公园，元大都遗址公园

2.2.3 测定方法

绿地土壤入渗性能采用 Guelph 渗透仪注水法测定。在每 1 个监测点，选择地势平坦、绿地植被生长良好的区域进行土壤水分入渗试验。绿地表层草皮轻轻铲去，土壤表面整理平整，使用仪器自带土钻在样点进行打孔作业（20 cm 深标准孔），将渗透仪安装在孔洞内，然后注水并检查密闭性。首先将入渗水头控制在 5 cm，记录每 5 min 仪器的水位下降速度，直到入渗稳定有 3 ～ 4 个数据以上时停止。调整水头至 10 cm，重复上述操作。根据双水头测量法计算土壤稳定入渗速率 K_{fs}，见公式（2.1）。

$$K_{fs} = (G-R)(Q_2 - Q_1)/(H_2 - H_1) \tag{2.1}$$

式中，G 为入渗环形状系数，R 为入渗环半径，Q_2 为水头 H_2 对应的稳定入渗速度，Q_1 为水头 H_1 对应的稳定入渗速度。

同时用铝盒测定 0 ～ 20 cm 土壤初始含水量，用环刀法测定 0 ～ 20 cm 土壤容重和孔隙度，土壤的颗粒组成用比重计法测定。

2.3　试验结果

2.3.1　城市绿地土壤质地

土壤质地反映了土壤不同粒级的颗粒组成及配合比例，是土壤的重要属性，是土壤水分入渗性能的重要影响因素。北京市不同类型绿地表层土壤主要是黏质土壤，黏粒平均含量范围 14.5% ～ 25.4%，其中道路交通区（23.2%）和商业区（25.4%）绿地表层土壤平均黏粒含量高于公园绿地（14.5%）和文教区绿地（17.2%）（表 2.2）。同上海市与合肥市绿地土壤中黏粒含量相比，北京市绿地土壤的平均黏粒含量要低。土壤颗粒组成中粉粒和黏粒含量的相对比值可用来表示土壤质地的情况，粉黏比越大，表明土壤粉粒含量越多，黏粒含量越少。北京市不同类型绿地土壤粉粒和黏粒含量的相对比值均大于 1.0，其范围在 1.59 ～ 2.42。

表 2.2　北京市不同类型城市绿地土壤的颗粒组成（均值与范围，%）

绿地类型	黏粒（< 0.002 mm）	粉粒（0.002 ～ 0.02 mm）	沙粒（0.02 ～ 2 mm）	粉黏比
道路交通区	23.2（18.4 ～ 33.6）	36.8（30.8 ～ 38.0）	40.0（34.2 ～ 45.4）	1.59
商业区	25.4（21.5 ～ 34.8）	41.2（27.5 ～ 47.6）	33.4（24.4 ～ 40.8）	1.62
文教区	17.2（14.6 ～ 22.3）	28.7（20.4 ～ 39.2）	54.1（50.2 ～ 60.7）	1.67
居民生活区	20.6（18.9 ～ 24.7）	33.5（23.9 ～ 41.1）	45.9（39.7 ～ 53.1）	1.63
公园	14.5（11.6 ～ 20.4）	35.1（31.7 ～ 38.5）	50.4（44.8 ～ 57.5）	2.42

2.3.2　城市绿地土壤容重与孔隙度

土壤容重和孔隙度等指标可以反映土壤的紧实程度和土壤通气透水等性能，可以间接反映土壤渗透性。土壤容重与土壤质地、压实状况和土壤颗粒密度等因素有关，土壤容重越大，渗透性就越差。正常土壤的容重约为 1.30 g/cm³，但是大部分城市的土壤容重都高于此值。本次调查中北京市绿地表层土壤的容重在 0.92 ～ 1.67 g/cm³，各功能区绿地土壤容重大多超过 1.30 g/cm³，均值表现为道路交通区绿地（1.48 g/cm³）>公园绿地（1.46 g/cm³）>文教区绿地（1.43 g/cm³）>商业区绿地（1.39 g/cm³）>居住区绿地（1.19 g/cm³）的规律（表 2.3）。研究表明合肥市区绿地表层土壤容重在 1.22 ～ 1.68 g/cm³，其中 79% 以上绿地土壤的容重均在 1.3 g/cm³ 以上，平均值为 1.41 g/cm³。

而上海市不同功能区绿地土壤容重大多超过 1.30 g/cm³，其中道路交通区的土壤容重最高，平均土壤容重达 1.46 g/cm³。这与本研究结果相似，表明土壤压实是城市绿地土壤普遍存在的重要特征，这也是造成绿地土壤入渗速率下降的重要因素。

表2.3　北京市不同类型城市绿地土壤物理性状（均值与范围）

绿地类型	容重 /（g/cm³）	毛管孔隙度 /%	非毛管孔隙度 /%	总孔隙度 /%
道路交通区	1.48（1.37～1.63）	35.76（30.42～41.17）	3.71（0.85～7.98）	39.48（33.63～45.66）
商业区	1.39（0.94～1.57）	36.45（22.40～46.15）	5.25（2.67～9.13）	41.70（28.55～54.03）
文教区	1.43（1.20～1.64）	36.21（26.59～42.38）	4.67（1.89～7.93）	40.87（31.61～48.63）
居民生活区	1.19（0.92～1.42）	39.37（33.93～47.27）	7.39（3.69～11.49）	46.76（40.08～56.84）
公园	1.46（1.25～1.67）	36.62（24.93～42.37）	3.79（0.96～9.30）	40.41（27.84～48.68）

虽然土壤容重能很好地反映土壤的压实程度，但是由于不同质地的土壤在同样压实程度下土壤容重和渗透性会有所差异，因此孔隙度可以作为反映土壤疏松程度的重要指标。尤其是非毛管孔隙中的水分可以在重力的作用下排出，具有通气和排水的功能，能较好地反映土壤的入渗性能，研究发现土壤渗透性随着土壤非毛管孔隙度的增加而增加。北京市不同类型绿地土壤总孔隙度在 27.84%～56.84%，其中非毛管孔隙度范围在 0.85%～11.49%，均值在 3.71%～7.39%，表现为居民生活区绿地（7.39%）＞商业区绿地（5.25%）＞文教区绿地（4.67%）＞公园绿地（3.79%）＞道路交通区绿地（3.71%）（表2.3）。有研究表明，城市绿地土壤的通气孔隙度大都低于 10%，南京和上海不同功能区绿地土壤平均通气孔隙度分别为 2.20% 和 5.40%，均低于北京市绿地土壤的平均通气孔隙度。有学者认为城市土壤的压实严重影响了土壤的正常孔隙分配，造成非毛管孔隙向毛管孔隙转变，进而影响土壤的渗透性。

2.3.3　城市绿地土壤渗透性

土壤入渗率是反映土壤透水性强弱的直接指标。土壤的入渗率通常与土壤的水分含量密切相关，在降雨过程中会随着土壤含水量的提高而逐渐减小，因此，为了方便对比研究通常以土壤稳定入渗速率说明充分降雨条件下的土壤入渗能力。由图2.1可以看出，5类绿地稳定入渗速率分别为道路交通区绿地（$1.76 \times 10^{-7} \sim 1.01 \times 10^{-5}$ m/s）、商业区绿地（$2.34 \times 10^{-7} \sim 2.58 \times 10^{-5}$ m/s）、居民生活区绿地（$7.04 \times 10^{-7} \sim 5.33 \times 10^{-5}$ m/s）、公园绿地（$1.76 \times 10^{-7} \sim 3.22 \times 10^{-5}$ m/s）、文教区绿地（$8.80 \times 10^{-7} \sim 2.37 \times 10^{-5}$ m/s）。按平均土壤稳渗率大小排序是：文教区绿地（8.74×10^{-6} m/s）＞居民生活区绿地

（7.68×10^{-6} m/s）＞公园绿地（4.68×10^{-6} m/s）＞商业区绿地（3.65×10^{-6} m/s）＞道路交通区绿地（2.97×10^{-6} m/s）。各功能区土壤入渗速率差异很大，少数最大可达10^{-5} m/s数量级，最小在10^{-7} m/s数量级，且大多数在5×10^{-6} m/s以下，蓄渗雨水能力相对弱一些。而且在同一功能区内部，绿地渗透速率也波动较大。这说明北京市绿地土壤渗透性能的空间变异性很大。其中文教区和居民生活区由于受人为活动影响较小，其土壤入渗速率普遍大于其他3个功能区，且50%以上的绿地土壤入渗速率大于5×10^{-6} m/s，表现出良好的渗透性。此外，调查中可以发现，文教区绿地和居民生活区绿地土壤多为原状土，表层土壤相对疏松；而商业区绿地和道路交通区绿地土壤以杂填土为主，土壤结构紧密，限制了雨水的入渗。研究表明，受人为活动影响较大的绿地，压实严重，非毛管孔隙少，导致稳渗率更低，稳渗率低直接影响强降水情况下水分的下渗和对外部径流的吸收。

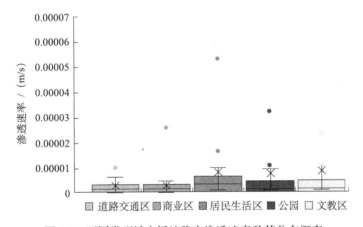

图2.1　不同类型城市绿地稳定渗透速率及其分布概率

对于渗透性能的分级，以Kohnke提出的城市土壤渗透速率的分类标准应用最为广泛。依据此标准，对本研究区域内灌木和绿地的稳定渗透速率进行分类。如表2.4所示，北京市城市绿地土壤渗透速率的变异非常大，除了极快分类级别外，实测样本在每个级别都占有一定比例。研究区内土壤稳定渗透速率属于较慢及以下的比例达81.25%，可见北京市大部分绿地土壤的渗透速率都偏低。此外，属于快和较快级别的占6.25%，中等的占12.5%。而魏俊岭等（2012）在研究合肥城市土壤水分入渗时发现，合肥城市绿地土壤稳定入渗速率从较慢到快每个级别均占有一定比例，较慢等级占42.1%，属于较快和快级别的占21.1%，这一比例均高于本研究的结果。

表 2.4　北京市绿地土壤稳定入渗速率频率分布

入渗率分级	稳定入渗率 V / (m/s)	频率 / %
极慢	$V < 2.78 \times 10^{-7}$	6.25
慢	$2.78 \times 10^{-7} < V < 1.39 \times 10^{-6}$	28.75
较慢	$1.39 \times 10^{-6} < V < 5.56 \times 10^{-6}$	46.25
中等	$5.56 \times 10^{-6} < V < 1.75 \times 10^{-5}$	12.5
较快	$1.75 \times 10^{-5} < V < 3.52 \times 10^{-5}$	3.75
快	$3.52 \times 10^{-5} < V < 7.06 \times 10^{-5}$	2.5
极快	$V > 7.06 \times 10^{-5}$	0

2.4　本章小结

（1）北京市城市绿地土壤由于受人为活动的影响，土壤物理性质发生了显著变化，土壤容重增大、孔隙度和渗透性降低，压实现象普遍。北京城市绿地土壤渗透速率随土壤容重增加而降低，随土壤孔隙度的增加而增大。

（2）北京市不同类型绿地土壤的稳定渗透速率差异较大，以文教区和居民生活区为最好，其后依次为公园、商业区和道路交通区。北京城市绿地总体土壤稳定入渗率相对较小，大多数属于较慢及以下。

（3）通过减少绿地土壤人为或机械压实，改善土壤结构质地，增加土壤通气孔隙度，是提高城市绿地土壤入渗性能、增加土壤水分补给、减少降雨后地表径流产流的重要措施。

3

北京常见园林植物耐涝评价体系建立及耐涝性鉴定

3.1　材料与方法

3.1.1　试验材料

共对 39 种木本植物和 44 种草本植物开展了耐涝能力研究。木本植物种中乔木绿化树种 16 种，包括 11 种落叶阔叶乔木树种和 5 种常绿针叶乔木树种，灌木或小乔木绿化树种 20 种。具体植物材料见表 3.1 和表 3.2。

表 3.1　耐涝试验木本植物材料基本情况

序号	拉丁名	科属	类型
1	玉兰 *Magnolia denudata* Desr.	木兰科木兰属	落叶乔木
2	107 速生杨 *Populus tomentosa* Carr.	杨柳科杨属	落叶乔木
3	银杏 *Ginkgo biloba* Linn.	银杏科银杏属	落叶乔木
4	栾树 *Koelreuteria paniculata* Laxm.	无患子科栾树属	落叶乔木
5	刺槐 *Robinia pseudoacacia* L.	豆科刺槐属	落叶乔木
6	金焰绣线菊 *Spiraea x bumalda* cv.Gold Flame	蔷薇科绣线菊属	落叶灌木
7	黄刺玫 *Rosa xanthina* Lindl.	蔷薇科蔷薇属	落叶灌木
8	蔷薇 *Rosa sp.*	蔷薇科蔷薇属	落叶灌木
9	棣棠 *Kerria japonica*（L.）DC.	蔷薇科棣棠花属	落叶灌木
10	桧柏 *Sabina chinensis*（L.）Ant.	柏科柏属	常绿乔木
11	沙地柏 *Sabina vulgaris*	柏科圆柏属	常绿乔木
12	侧柏 *Platycladus orientalis* Franco	柏科侧柏属	常绿乔木
13	雪松 *Cedrus deodara*（Roxb.）G.Don.	松科雪松属	常绿乔木
14	白皮松 *Pinus bungeana* Zucc ex Endl	松科松属	常绿乔木
15	红瑞木 *Swida alba* Opiz.	山茱萸科梾木属	落叶灌木
16	榆树 *Ulmus pumila* L.	榆科榆属	落叶乔木
17	立柳 *Salixmatsudana*	杨柳科柳属	落叶乔木
18	丁香 *Syringa oblata* Lindl.	木犀科丁香属	落叶小乔木或灌木
19	白蜡 *Fraxinus chinesis* Roxb.	木犀科白蜡属	落叶乔木
20	锦带 *Weigela florida* cv.Red Prince	忍冬科锦带花属	落叶灌木
21	月季 *Rosa chinensis* Jacq	蔷薇科蔷薇属	半常绿灌木
22	金叶女贞 *Ligustrum ×vicaryi*	木犀科女贞属	常绿小灌木
23	大叶黄杨 *Euonymus japonicus* Thunb	卫矛科卫矛属	常绿灌木或小乔木
24	元宝枫 *Acer truncatum* Bunge	槭树科槭属	落叶乔木
25	金银木 *Lonicera maackii*（Rupr.）Maxim	忍冬科忍冬属	落叶灌木
26	珍珠梅 *Sorbaria sorbifolia*（L.）A. Br	蔷薇科珍珠梅属	落叶灌木
27	木槿 *Hibiscus syriacus* Linn.	锦葵科木槿属	落叶灌木
28	连翘 *Forsythia suspensa*	木犀科连翘属	落叶灌木

续表

序号	拉丁名	科属	类型
29	紫荆 *Cercis chinensis*	豆科紫荆属	落叶灌木
30	紫薇 *Lagerstroemia indica* L.	千屈菜科紫薇属	落叶灌木
31	黄栌 *Cotinus coggygria* Scop	漆树科黄栌属	落叶小乔木或灌木
32	平枝枸子 *Cotoneaster horizontalis* Decne	蔷薇科枸子属	落叶或半常绿匍匐灌木 *
33	西府海棠 *Malus micromalus*	蔷薇科苹果属	落叶小乔木或灌木
34	法桐 *Platanus orientalis* Linn.	悬铃木科悬铃木属	落叶乔木
35	大叶女贞 *Ligustrum compactum Ait*（Wall. ex G. Don）Hook. f.	木犀科女贞属	落叶小乔木或灌木
36	国槐 *Sophora japonica* Linn.	豆科槐树属	落叶乔木
37	紫叶小檗 *Berberis thunbergii var. atropurpurea* Chenault	小檗科小檗属	落叶灌木
38	扶芳藤 *Euonymus fortunei*（Turcz.）Hand.–Mazz.	卫矛科	落叶或半常绿藤本
39	大花醉鱼草 *Buddleja colvilei* J. D. Hooker et Thomson	马钱科醉鱼草属	落叶灌木

注 *：半常绿植物是指只在原产地常绿但在北京冬季落叶的植物。

表 3.2　耐涝试验草本植物材料基本情况

序号	拉丁名	科属	类型
1	马蔺 *Iris lactea* Pall. var.chinensis（Fisch.）Koidz.	鸢尾科鸢尾属	多年生草本
2	荷兰菊 *Aster novi-belgii*	菊科紫菀属	多年生草本
3	黄花鸢尾 *Iris wilsonii* C. H. Wright	鸢尾科鸢尾属	多年生草本
4	大花秋葵 *Hibiscus moscheutos* Linn.	锦葵科木槿属	多年生草本
5	金边玉簪 *Dendranthema morifolium*	百合科玉簪属	多年生宿根草本
6	拂子茅 *Calamagrostis epigeios*（L.）Roth	禾本科拂子茅属	多年生草本
7	青绿苔草 *Carex breviculmis*	莎草科苔草属	多年生草本
8	高山紫菀 *Aster alpinus* L.	菊科紫菀属	多年生草本
9	婆婆纳 *Veronica didyma* Tenore	玄参科婆婆纳属	多年生草本
10	假龙头 *Physostegia virginiana*	唇形科假龙头花属	多年生草本
11	电灯花 *Cobaea scandens* Cav.	花荵科电灯花属	多年生草本
12	车前 *Plantago asiatica* L.	车前科车前属	多年生草本
13	蛇莓 *Duchesnea indica*（Andr.）Focke	蔷薇科蛇莓属	多年生草本
14	玉带草 *Phalaris arundinacea* L. var. picta L.	禾本科䔄草属	多年生草本
15	射干 *Belamcanda chinensis*（L.）Redout é	鸢尾科射干属	多年生草本
16	费菜 *Sedum aizoon* L.	景天科景天属	多年生草本
17	匍枝委陵菜 *Potentilla flagellaris* Willd. ex Schlecht.	蔷薇科委陵菜属	多年生匍匐草本
18	连钱草 *Glechoma longituba*（Nakai）Kupr.	唇形科活血丹属	多年生草本
19	涝峪苔草 *Carex giraldiana*	莎草科苔草属	多年生草本
20	狼尾草 *Pennisetum alopecuroides*（L.）Spreng.	禾本科狼尾草属	多年生草本
21	脚苔草 *Carex pediformis*	莎草科苔草属	多年生草本

续表

序号	拉丁名	科属	类型
22	八宝景天 *Hylotelephium erythrostictum* （Miq.）H. Ohba	景天科八宝属	多年生肉质草本
23	蓍草 *Achillea sibirca*	菊科蓍属	多年生草本
24	垂盆草 *Sedum sarmentosum* Bunge	景天科景天属	多年生肉质草本
25	山韭 *Allium thunbergii* G. Don	百合科葱属	多年生草本
26	黑心菊 *Rudbeckia hirta* L.	菊科金光菊属	多年生草本
27	芨芨草 *Achnatherum splendens* （Trin.）Nevski	禾本科芨芨草属	多年生草本
28	蛇鞭菊 *Liatris spicata* （L.）Willd.	菊科蛇鞭菊属	多年生草本
29	桔梗 *Platycodon grandiflorus*	菊科桔梗属	多年生草本
30	藁本 *Ligusticum sinense* Oliv.	伞形科藁本属	多年生草本
31	天人菊 *Gaillardia pulchella* Foug.	菊科天人菊属	多年生草本
32	瞿麦 *Dianthus superbus* L.	石竹科石竹属	多年生草本
33	美国薄荷 *Monarda didyma* L.	唇形科美国薄荷属	多年生草本
34	黄芩 *Scutellaria baicalensis* Georgi	唇形科黄芩属	多年生草本
35	宿根福禄考 *Phlox paniculata* L.	花葱科天蓝绣球属	多年生草本
36	荆芥 *Nepeta cataria* L.	唇形科荆芥属	多年生草本
37	鼠尾草 *Salvia japonica* Thunb.	唇形科鼠尾草属	一年生草本
38	赛菊芋 *Heliopsis helianthoides*	菊科赛菊芋属	多年生草本
39	阔叶风铃草 *Campanula lactiflora*	桔梗科风铃草属	多年生草本
40	肥皂草 *Saponaria officinals* Linn	石竹科肥皂草属	多年生宿根草本
41	松果菊 *Echinacea purpurea* （Linn.）Moench	菊科松果菊属	多年生草本
42	大叶铁线莲 *Clematis heracleifolia* DC.	毛茛科铁线莲属	多年生草质藤本
43	藿香 *Agastache rugosa* （Fisch. et Mey.）O. Ktze.	唇形科藿香属	多年生草本
44	蜀葵 *Althaea rosea* （Linn.）Cavan.	锦葵科蜀葵属	多年生草本

3.1.2 试验方法

购买木本园林植物 39 种，于 2017 年 4 月上盆；草本植物 44 种，于 2017 年 5 月上盆。栽培基质为园土∶草炭 4∶1 的混合基质。对苗子进行为期 3 个月以上的养护之后，每种植物选择 20 盆生长较好、规格一致的盆栽苗进行淹水实验。设时间为 5 d、10 d、15 d 淹水处理以及对照，每处理设 5 个重复。对照组淹水期间正常浇水，确保生长健壮。淹水实验池为长 10 m、宽 3 m、高 30 cm 的钢架，钢架底部铺设方砖和细沙，保证底部平整。钢架内部铺设防水布，防水布内注水。淹水试验于 2017 年 8 月 22 日开始，2017 年 9 月 7 日结束。淹水前剪除黄叶枯枝，淹水深度为高出基质表面 10cm。实验结束后，所有植物进行常规养护。停止淹水 1 个月后，观测木本植物和草本植物恢复成活率及效果恢复情况。第二年春季观测木本植物越冬后植物的成活率和观赏效果，以判断经历涝害胁迫后是否影响木本植物耐寒性。

每个实验处理结束时，将植物从淹水池中捞出，同时对阔叶木本植物淹水处理和对照进行生理指标的测定及形态观测。进行的生理指标测定包括叶绿素光合荧光潜能（RC/ABS，Fv/Fo，$(1-V_j)/V_j$，PI）和叶片 SPAD。测定时每株随机选取 3 片健康成熟叶片，利用暗适应叶夹夹住叶片，进行 20 min 的暗适应后，利用 Handy PEA（Hansatech Instruments LTD, UK）进行测定。同时每株随机选取 5 片健康成熟叶片，利用校正过的手持 SPAD 仪（Soil and Plant Analyzer Development, Japan）夹取叶片，避开叶脉，读取叶片 SPAD 值。测定结束后每株植物剪 / 摘下总面积不小于 2 cm² 的叶片，分别测定叶片鲜重、叶面积和干重，计算获得叶片干鲜比、叶片含水率、叶片比叶重、叶片比叶面积指标。

测定当天记录植株健康叶片留存率，并拍照。每种植物选取 1 盆进行洗根，并拍照记录不同淹水处理下根系形态变化。随后将植物置于养护区进行精细养护。待所有植物正常养护 1 个月后，以及第二年春季，分别记录恢复生长后和越冬后的成活率及观赏效果。成活率判断标准：只要植物地上部有健康生长的叶片即可判断为成活。观赏效果打分标准如下：5 分，生长正常，观赏效果极佳；4 分，生长正常，观赏效果较好，有少量黄叶、落叶；3 分，黄叶、落叶达植株的一半以上，生长状况一般；2 分，观赏效果较差，仅存部分枝叶正常生长；1 分，存活，但基本丧失观赏价值；0 分，死亡。

3.2　评价体系的建立

木本植物耐旱能力评价建立在叶绿素光合荧光潜能、叶片 SPAD 值、叶片含水率、比叶面积、健康叶片留存率、后期恢复生长成活率和观赏效果，以及越冬后成活率和观赏效果的基础上。每个指标赋值如下：RC/ABS 5 分，Fv/Fo 5 分，$(1-V_j)/V_j$ 5 分，PI 5 分，叶片 SPAD 值 10 分，叶片含水率 10 分，比叶面积 10 分，淹水处理结束时健康叶片留存率 10 分，恢复生长后成活率 10 分，恢复生长后观赏效果 10 分，越冬后成活率 10 分，越冬后观赏效果 10 分。

阔叶木本植物： 每个实验处理总分 100 分，共有淹水 5 d、淹水 10 d、淹水 15 d 3 个处理，满分共计 300 分。

每个指标得分 = 处理测量值 / 对照测量值 × 赋值（注：每项最高得分不超过赋值）

总得分为 3 个处理各项指标得分的总和。

综合评分 = 总得分 /300×100（百分制）。

常绿针叶树：根据后 4 项指标判断耐涝能力综合评分 = 总得分 /120×100。

草本植物：根据淹水处理结束 1 个月后恢复至长后成活率和恢复观赏效果判断耐涝能力。评价得分 = 总得分 /60×100。

根据植物的耐淹水能力综合评分，将其耐涝性分级如下：

极强（＞90），强（81～90），中（71～80），差（61～70），极差（≤60）。

3.3　结果与分析

3.3.1　几种典型木本植物淹水后表型、生理变化及成活率

3.3.1.1　榆树

（1）叶片干鲜比、含水率、比叶重及比叶面积变化

见图 3.1。

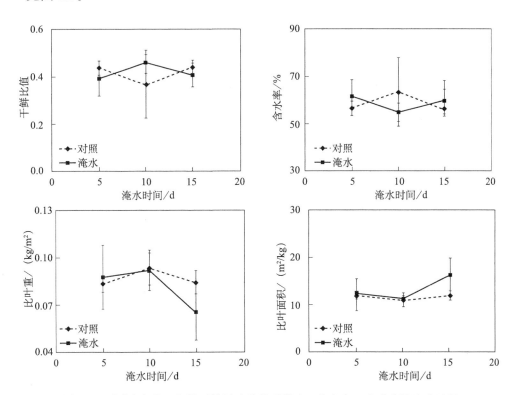

图 3.1　不同淹水处理条件下榆树叶片的干鲜比、含水率、比叶重及比叶面积

在淹水处理期间，不同淹水时间榆树叶片的干鲜比、含水率、比叶重及比叶面积与对照组相近，表明淹水对榆树叶片含水率及有机物含量影响不大。

（2）叶片叶绿素含量变化

见图 3.2。

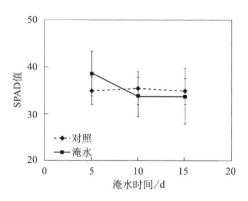

图 3.2　不同淹水处理条件下榆树叶片的 SPAD 值

在淹水处理期间，榆树的 SPAD 数值与对照相近。淹水 10 d 和 15 d 处理组均略低于对照组，表明淹水处理后期，榆树叶片受到胁迫较明显，叶绿素含量有所下降，但下降不显著。

（3）叶片光合荧光潜能指数变化

见图 3.3。

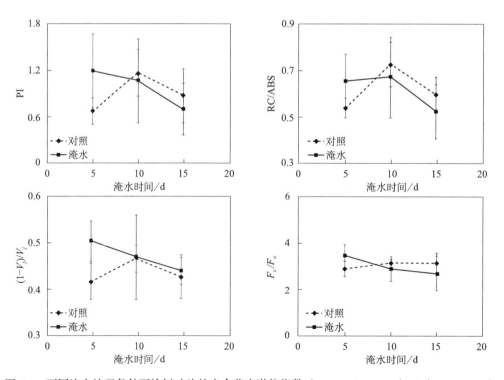

图 3.3　不同淹水处理条件下榆树叶片的光合荧光潜能指数（PI，RC/ABS，$(1-V_j)/V_j$，F_v/F_o）

在淹水处理期间，淹水处理组榆树的光合荧光潜能指数与对照组相近。最敏感指数 PI，淹水 10 d 和 15 d 处理组均略低于对照组，表明淹水后期，叶片光合作用有所下降，但下降不显著，这可能与叶片叶绿素含量下降有关。

（4）地上部形态观测

榆树淹水 5 d 后，枝干挺拔，部分植株中下部有少量叶片变黄，未出现叶片脱落和病虫害现象，枝端有新叶萌出，观赏效果好，地上部分生长势正常。淹水 10 d 后，植株茎秆挺拔，中下部部分叶片变黄，未出现叶片脱落和虫害现象，观赏效果较好。淹水 15 d，大部分植株中下部叶片变黄，枝端有新叶萌生，观赏效果好。表明淹水对榆树的影响主要表现为叶片变黄，对榆树整体形态影响不大。

（5）根系形态观测

对照组根系有光泽，老根呈棕褐色，新根牙白色，与对照相比，淹水 5 d、10 d 的榆树根系完整，呈棕褐色，15 d 根系呈现灰白色，表明随淹水时间的增加，淹水对榆树根系的影响逐渐显著。

（6）恢复养护后形态观测

淹水组恢复养护后 1 个月，对照组与淹水组均出现植株中下部叶片发黄现象，但差异不明显，植株形态完整，生长势较强。

由表 3.3 可知，淹水处理组榆树，通过恢复养护，至 1 个月后，耐涝评价为良好；恢复养护至越冬后，耐涝评价仍为良好。表明淹水处理对榆树影响不大，榆树具有较强的恢复能力。

表 3.3　榆树恢复养护后不同淹水处理成活率、观赏效果及耐涝能力评价

恢复养护	淹水 5 d		淹水 10 d		淹水 15 d		耐涝能力评价
	成活率	观赏效果	成活率	观赏效果	成活率	观赏效果	
1 个月	100%	5 分	100%	5 分	100%	5 分	极强
越冬后	100%	5 分	100%	5 分	100%	5 分	

综合来看，榆树在淹水处理期间，淹水使叶片黄化，叶片叶绿素含量降低，叶片光合作用降低；黄化叶片随淹水时间的增加而逐渐增多；淹水少于 10 d 对榆树根系影响不大，淹水 15 d 对榆树根系有一定影响；恢复养护后，各处理组均能恢复生长，且观赏性良好；越冬后，各处理组均能正常生长，且观赏性良好。

研究表明，淹水对榆树有一定影响，使叶片黄化，降低叶绿素含量、光合作用；但榆树具有较强的恢复能力，恢复养护后各处理均能恢复正常生长，并且越冬后可以正常生长。榆树总和评分为 95.1 分,耐淹水能力极强。

3.3.1.2 西府海棠

(1)叶片干鲜比、含水率、比叶重及比叶面积变化

见图 3.4。

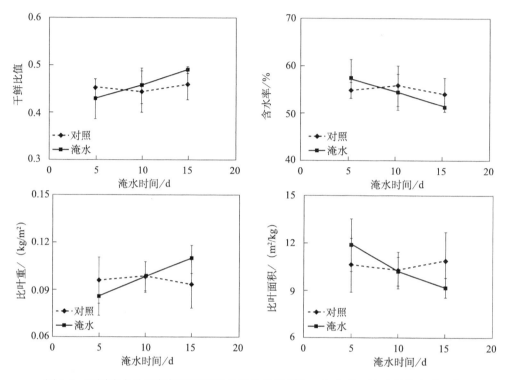

图 3.4 不同淹水处理条件下西府海棠叶片的干鲜比、含水率、比叶重及比叶面积

在淹水处理期间,西府海棠叶片的含水率随着淹水时间的增加呈现下降趋势,干鲜比反之,表明淹水对西府海棠叶片含水率有影响,可能淹水期间对根系造成一定程度的损伤,影响根系吸水。比叶重呈现随着淹水时间增加而增加的趋势,比叶面积反之。这可能是叶片光合产物不能及时向外运输造成的。

(2)叶片叶绿素含量变化

见图 3.5。

在淹水处理期间,淹水组西府海棠的 SPAD 数值均低于对照组,表明淹水使植物受到胁迫,使叶片叶绿素含量降低。

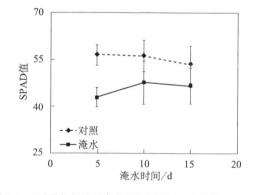

图 3.5 不同淹水处理条件下西府海棠叶片的 SPAD 值

（3）叶片光合荧光潜能指数变化

见图 3.6。

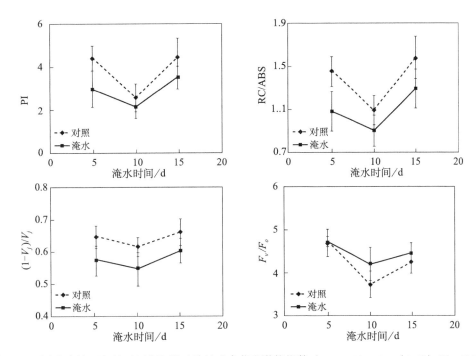

图 3.6　不同淹水处理条件下西府海棠叶片的光合荧光潜能指数（PI，RC/ABS，（1-V_j）/V_j，F_v/F_o）

在淹水处理期间，淹水处理组西府海棠的多数光合荧光潜能指数低于对照组，通过最敏感指数 PI 可以看出，淹水组均低于对照组，表明淹水会降低西府海棠的光合作用，这可能与叶片含水率降低和叶片叶绿素含量降低有关；叶片有机物的减少可能与叶片光合作用的减弱有关。

（4）地上部形态观测

与对照相比，西府海棠淹水组，叶色翠绿，未出现叶片脱落现象，地上部分生长势正常，淹水 15 d 组正常萌生新叶，观赏效果好。

（5）根系形态观测

对照组根系老根呈棕褐色，新根牙白色，与对照相比，淹水 5 d 的西府海棠根系完整，呈棕褐色，10 d 老根呈黑色，新根灰白色，15 d 根系呈现灰白色，这与地上部分叶片灰黄色相对应，表明淹水对根系的影响随淹水时间的增加而显著。

（6）恢复养护后形态观测

淹水各处理恢复养护后 1 个月，株型丰满，叶色翠绿，生长势正常。

由表 3.4 可知，不同淹水时间处理条件下的西府海棠，通过恢复养护，1 个月后，各处理成活率均为 100%，且生长旺盛，长势正常。越冬后，春季西府海棠的成活率仍为 100%，观赏效果良好。结果表明淹水处理对西府海棠影响不大，西府海棠具有较强的恢复能力。

表 3.4　西府海棠恢复养护后不同淹水处理成活率、观赏效果及耐涝能力评价

恢复养护	淹水 5 d		淹水 10 d		淹水 15 d		耐涝能力评价
	成活率	观赏效果	成活率	观赏效果	成活率	观赏效果	
1 个月	100%	5 分	100%	5 分	100%	5 分	极强
越冬后	100%	5 分	100%	5 分	100%	5 分	

综合来看，西府海棠在淹水处理期间，淹水处理使叶片含水率降低，比叶重增高；叶片叶绿素含量降低；叶片光合作用降低；淹水对地上形态影响不大；淹水影响地下根系，随淹水时间的增加，根系受损的情况增加；脱离淹水环境后，各处理组均能快速恢复生长，且观赏性良好；越冬后，各处理组均能正常生长，且观赏性良好。西府海棠综合得分 93.4 分，耐淹水能力极强。

3.3.1.3　白蜡

（1）叶片干鲜比、含水率、比叶重及比叶面积变化

见图 3.7。

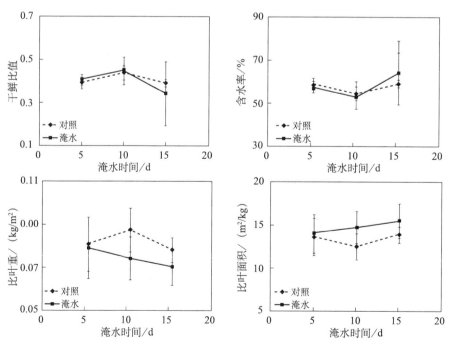

图 3.7　不同淹水处理条件下白蜡叶片的干鲜比、含水率、比叶重及比叶面积

在淹水处理期间，不同淹水时间处理白蜡叶片的干鲜比、含水率与对照组相比，

相差不大。随着淹水时间的延长，白蜡比叶重呈现下降趋势，比叶面积呈现增加趋势，可能是由于淹水处理会导致白蜡叶片光合作用下降，叶片中的有机物含量降低。

（2）叶片叶绿素含量变化

见图3.8。

在淹水处理期间，白蜡叶片的SPAD数值呈现基本保持稳定，不同淹水处理叶片SPAD均低于对照组，淹水15 d时白蜡叶片SPAD值下降明显，表明淹水情况下，白蜡可能受到胁迫，叶片的叶绿素含量降低。

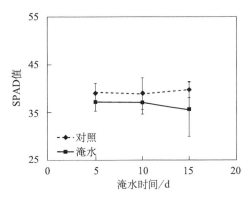

图3.8　不同淹水处理条件下白蜡叶片SPAD值

（3）叶片光合荧光潜能指数变化

见图3.9。

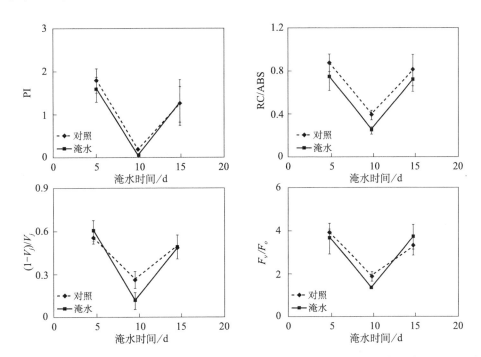

图3.9　不同淹水处理条件下白蜡叶片光合荧光潜能指数（PI，RC/ABS，（$1-V_j$）/V_j，F_v/F_o）

在淹水处理期间，不同淹水时间处理白蜡的光合荧光潜能指数与对照组相比差距不大，表明淹水15 d内白蜡遭受的胁迫不足以影响其光系统Ⅱ。

（4）地上部形态观测

与对照相比，白蜡在淹水5 d、10 d、15 d处理条件下，均枝干挺拔，少有叶片变色，未出现叶片脱落现象，观赏效果好，地上部分生长势正常。

（5）根系形态观测

未淹水对照组根系老根呈棕褐色，新根牙白色。淹水 5 d 根系完整，呈棕褐色，淹水 10 d 老根呈黑色，新根灰白色，淹水 15 d 根系呈现灰白色，这与地上部分叶片少量黄叶相对应，表明淹水对根系的影响随淹水时间的增加而加强。

（6）恢复养护后形态观测

不同淹水时间处理恢复养护 1 个月后，淹水 5 d、10 d、15 d 个别叶片有轻微黄叶或病害，但植株的株型完好，树木生长势均较为正常。

由表 3.5 可知，不同淹水时间处理白蜡经过 1 个月的恢复养护后，观赏效果均较好。淹水 15 d 处理白蜡观赏效果略低，为 4 分。恢复养护至越冬后，各淹水处理组成活率均为 100%，观赏效果均非常好。这表明淹水处理对白蜡影响不大，且白蜡具有较强的恢复能力。

表 3.5　白蜡恢复养护后不同淹水处理成活率、观赏效果及耐涝能力评价

恢复养护	淹水 5 d		淹水 10 d		淹水 15 d		耐涝能力评价
	成活率	观赏效果	成活率	观赏效果	成活率	观赏效果	
1 个月	100%	5 分	100%	5 分	100%	4 分	极强
越冬后	100%	5 分	100%	5 分	100%	5 分	

综合来看，白蜡在淹水处理期间，淹水对叶片含水影响不大，但会影响有机物含量；淹水使叶片叶绿素含量降低；淹水对地上形态影响不大；淹水影响地下根系，随淹水时间的增加，根系受损的情况增加；恢复养护后，各处理组均能正常生长，但出现黄叶和病害，可能淹水使白蜡抗病性减弱，观赏性一般；越冬后，各处理组均能正常生长，且观赏性良好。白蜡综合评分为 94.2 分，耐淹水能力极强。

3.3.1.4　刺槐

（1）叶片干鲜比、含水率、比叶重及比叶面积变化

见图 3.10。

在淹水处理期间，不同淹水时间刺槐叶片的干鲜比、含水率、比叶重及比叶面积与对照组相近；淹水处理刺槐叶片含水率略高于对照组，干鲜比反之，表明淹水情况下会增加叶片含水率；不同淹水时间处理刺槐的叶片比叶重及比叶面积与对照组相近，表明淹水对叶片中有机物的含量影响不大。综合来看，淹水情况下，刺槐的叶片中含

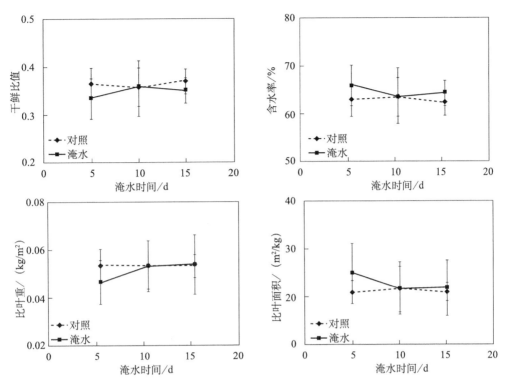

图 3.10 不同淹水处理条件下刺槐叶片干鲜比、含水率、比叶重及比叶面积

水率增加，而叶片有机物含量基本稳定。

（2）叶片叶绿素含量变化

见图 3.11。

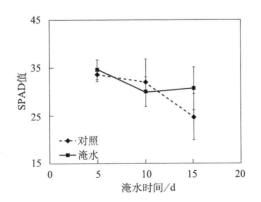

图 3.11 不同淹水处理条件下刺槐叶片 SPAD 值

在淹水处理期间，淹水组刺槐的 SPAD 数值保持基本稳定，表明淹水对刺槐叶片 SPAD 值影响不大。

（3）叶片光合荧光潜能指数变化

见图 3.12。

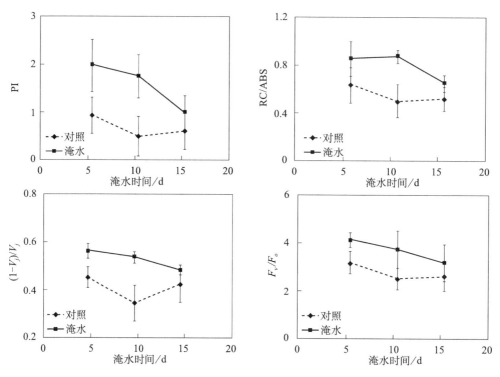

图 3.12　不同淹水处理条件下刺槐叶片光合荧光潜能指数（PI，RC/ABS，（$1-V_j$）/V_j，F_v/F_o）

在淹水处理期间，不同淹水处理刺槐的光合荧光潜能指数呈现下降趋势，表明淹水处理可能对植物造成了胁迫。

（4）地上部形态观测

刺槐淹水 5 d 后，枝干挺拔，中下部有少许叶片变黄，未出现叶片脱落和病虫害现象，观赏效果好。淹水 10 d 后，植株茎秆挺拔，部分叶片变黄，少量叶片脱落，观赏效果较好。淹水 15 d，有近 1/3 分叶片变黄，少量落叶，观赏效果较好。表明淹水对刺槐的形态有一定影响，主要表现为叶片变黄，甚至落叶。

（5）根系形态观测

对照根系老根呈棕褐色，新根牙白色。与对照相比，淹水 5 d 与 10 d 的刺槐根系完整，呈棕褐色，15 d 老根根系完整，呈棕黑色，新根灰白色，随着淹水时间的增加根系损伤加重。这与地上部分近 1/3 中下部叶片变黄相对应，表明随着淹水时间的增加，淹水对刺槐根系的影响逐渐显露。

（6）恢复养护后形态观测

不同淹水时间处理恢复养护1个月后，所有淹水处理植株的后期恢复均较好。除淹水处理过程中变黄的叶片脱落外，未出现显著受害现象，生长势较正常，淹水5 d处理有新生叶萌发。

由表3.6可知，不同淹水时间处理的刺槐经过1个月的恢复养护后，所有植株均成活，仅观赏性下降；恢复养护至越冬后，成活率略有下降，但观赏性得到一定的恢复。由此可知，淹水对刺槐有一定影响，但影响不是很大，主要表现为观赏性下降，大部分植株可以越冬。

表 3.6　刺槐恢复养护后不同淹水处理成活率、观赏效果及耐涝能力评价

恢复养护	淹水 5 d		淹水 10 d		淹水 15 d		耐涝能力评价
	成活率	观赏效果	成活率	观赏效果	成活率	观赏效果	
1个月	100%	4分	100%	4分	100%	3分	极强
越冬后	75%	4分	100%	4分	75%	4分	

综合来看，刺槐在淹水情况下，叶片含水增多，叶片叶绿素含量变化不大，光合作用增强，这可能与叶片含水增多有关；随着淹水时间的增加，光合作用增强的效果减弱，这可能是由于淹水时间的增加，逐渐影响到刺槐光合作用其他的环节；淹水刺槐地上部受害主要表现为叶片变黄，且随着淹水时间的增加，黄化叶片数量增加；地下根系变化情况与叶片相近，淹水时间越长，根系颜色越深；恢复养护1个月后，淹水组刺槐黄化叶片脱落，长势正常，越冬后，淹水5 d、10 d、15 d的成活率均在75%及以上，观赏效果均为4分。恢复养护后，生长恢复正常；越冬后，大部分植株可以正常生长，观赏性不如未经淹水处理的植株。刺槐综合评分为90.7分，耐淹水能力极强。

3.3.1.5　元宝枫

（1）叶片干鲜比、含水率、比叶重及比叶面积变化

见图3.13。

在淹水处理期间，不同淹水时间处理元宝枫叶片的干鲜比、含水率、比叶重及比叶面积整体表现为相近。淹水处理元宝枫叶片含水率略高于对照组，干鲜比反之，表明淹水条件下植物根系吸水增加；淹水处理元宝枫比叶重及比叶面积接近，表明淹水对叶片中有机物含量的影响不大。

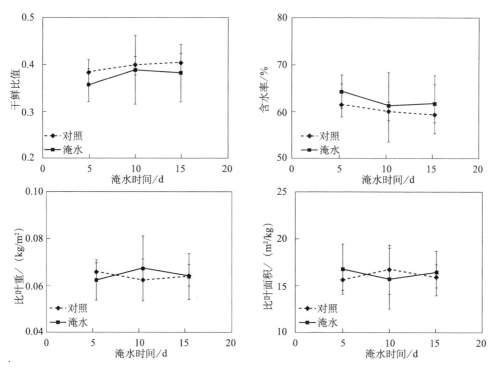

图 3.13　不同淹水处理条件下元宝枫叶片干鲜比、含水率、比叶重及比叶面积

（2）叶片叶绿素含量变化

见图 3.14。

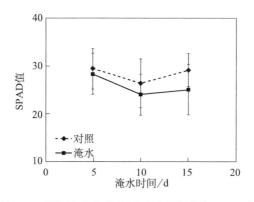

图 3.14　不同淹水处理条件下元宝枫叶片 SPAD 值

在淹水处理期间，淹水组元宝枫的 SPAD 数值与对照组相比，略低于对照组，且随着淹水时间的增加，差距逐渐增大，表明淹水使元宝枫受到胁迫，影响元宝枫的叶绿素含量，叶绿素含量逐渐降低。

（3）叶片光合荧光潜能指数变化

见图 3.15。

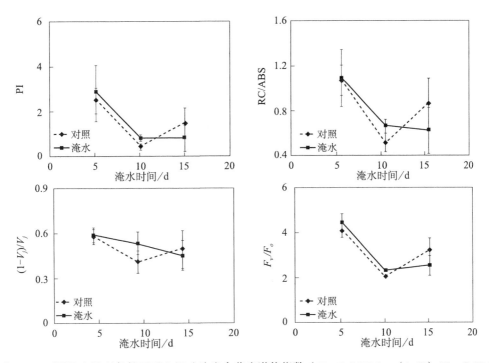

图3.15　不同淹水处理条件下元宝枫叶片光合荧光潜能指数（PI，RC/ABS，（$1-V_j$）/V_j，F_v/F_o）

在淹水处理期间，不同淹水时间处理元宝枫的光合荧光潜能指数与对照组相近，表明淹水情况对元宝枫光合作用影响不大。

（4）地上部形态观测

元宝枫淹水5 d后，枝干挺拔，个别植株枝顶叶片变红，未出现叶片脱落和病虫害现象，观赏效果好。淹水10 d后，植株茎秆挺拔，部分枝顶叶片变黄，未出现叶片脱落和虫害现象，观赏效果好。淹水15 d，大部分植株枝顶少量叶片变黄或卷曲枯萎，未出现叶片脱落和虫害现象，观赏效果较好。表明淹水对元宝枫的地上形态影响主要表现为叶色变黄、变红。

（5）根系形态观测

对照组根系老根呈棕褐色，新根牙白色。与对照相比，淹水5 d的元宝枫根系完整，呈棕褐色，10 d老根呈黑色，新根灰白色，15 d根系呈现灰白色，这与地上部分叶片灰黄色相对应，表明淹水时间的增加，根系损伤加重。

（6）恢复养护后形态观测

不同淹水时间处理元宝枫恢复养护1个月后，淹水5 d处理植株后期恢复良好，叶色青绿，叶片几无焦缘现象，生长势良好；淹水10 d的后期恢复一般，部分植株叶片出现枯萎病症状；淹水15 d处理后期恢复效果不佳，大多植株萎蔫落叶，仅个别植株尚存老叶。

由表 3.7 可知，淹水处理组元宝枫经过 1 个月的恢复养护后，淹水 5 d 处理和淹水 10 d 处理成活率均为 100%，观赏效果分别为 5 分和 4 分。而淹水 15 d 处理成活率为 20%，观赏效果为 2 分。表明淹水时间处理对元宝枫较大，随着淹水时间的延长元宝枫受害加剧。养护至越冬后，淹水 5 d 和 10 d 处理组成活率均为 100%，且观赏效果均较好，表明持续淹水 10 d 后，对元宝枫的影响不大，仅其观赏性略有下降。

表 3.7　元宝枫恢复养护后不同淹水处理成活率、观赏效果及耐涝能力评价

恢复养护	淹水 5 d		淹水 10 d		淹水 15 d		耐涝能力评价
	成活率	观赏效果	成活率	观赏效果	成活率	观赏效果	
1 个月	100%	5 分	100%	4 分	20%	2 分	强
越冬后	100%	5 分	100%	4 分	25%	3 分	

综合来看，淹水对元宝枫有一定影响，淹水情况下，元宝枫叶片含水略有升高，叶片叶绿素含量随淹水时间的增加逐渐降低，叶片光合作用未减弱；淹水影响元宝枫地上形态，随淹水时间的增加，逐渐出现叶片变红、变黄、枯萎，但未见整体受害情况；淹水影响元宝枫地下根系，主要为随淹水时间的增加，新生根系逐渐受损，逐渐变灰。随着淹水时间的延长对元宝枫的影响逐渐增大。元宝枫综合评分为 86.3 分，耐淹水能力强。

3.3.1.6　黄栌

（1）叶片干鲜比、含水率、比叶重及比叶面积变化

见图 3.16。

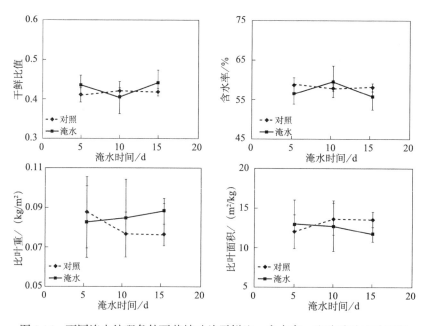

图 3.16　不同淹水处理条件下黄栌叶片干鲜比、含水率、比叶重及比叶面积

在淹水处理期间，淹水组黄栌叶片的干鲜比、含水率与对照接近；淹水组黄栌的叶片比叶重逐渐高于对照组，比叶面积反之。表明在淹水处理期间，黄栌的叶片有机物逐渐减少。

（2）叶片叶绿素含量变化

见图3.17。

在淹水处理期间，淹水组黄栌的SPAD数值低于对照组，随淹水时间的增加，差值基本稳定，表明在淹水期间，黄栌受到胁迫，叶绿素含量降低。

（3）叶片光合荧光潜能指数变化

见图3.18。

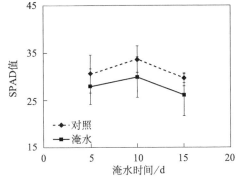

图3.17　不同淹水处理条件下黄栌叶片SPAD值

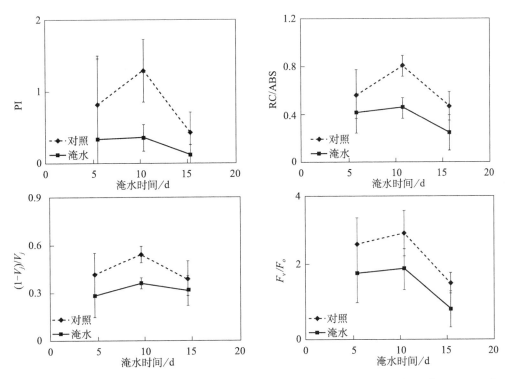

图3.18　不同淹水处理条件下黄栌叶片光合荧光潜能指数（PI，RC/ABS，$(1-V_j)/V_j$，F_v/F_o）

在淹水处理期间，淹水处理组黄栌的光合荧光潜能指数与对照组相比，均低于对照组，表明淹水影响黄栌的光合作用，这可能与黄栌叶绿素含量降低有关；叶片有机物的减少，可能跟叶片光合作用减弱有关。

（4）地上部形态观测

黄栌淹水 5 d 后，枝干挺拔，有少许叶片变黄，未出现叶片脱落和病虫害现象，观赏效果好，地上部分生长势正常。淹水 10 d 后，植株茎秆挺拔，部分茎尖及叶片萎蔫变褐，少量叶片变为红色或黄色，未出现叶片脱落和虫害现象，观赏效果较好。淹水 15 d，大部分植株叶片变为红色或黄色，少量落叶，具有独特观赏效果，如同秋天黄栌的形态。淹水对黄栌形态的影响主要是叶色变黄、变红，整体向秋日黄栌形态转变。

（5）根系形态观测

对照组根系有光泽，老根呈棕褐色，新根牙白色。淹水 5 d 组黄栌根系完整，呈棕黑色，10 d 老根呈黑色，新根牙白色，15 d 根系无光泽，呈现棕灰色，新根根尖部分外周皮脱落，露出白色髓心，这与地上部分叶片褪绿变色相对应，表明淹水对黄栌的影响随淹水时间的增加而加重。

（6）恢复养护后形态观测

淹水组恢复养护后 1 个月，淹水 5 d 的植株后期恢复一般，部分茎尖与老叶变成黄褐色，无新叶萌发，生长势正常；淹水 10 d 的后期恢复效果较差，变色植株叶片枯萎或落叶，生长势很差或濒死；淹水 15 d 的后期恢复效果最差，所有变色植株均发生叶片萎蔫。

由表 3.8 可知，由于淹水时间的长度不同，导致黄栌的恢复生长不同，淹水 5 d 处理，恢复养护 1 个月后及至越冬后，成活率均为 100%，观赏效果均表现良好；淹水 10 d 处理，恢复养护 1 个月后及至越冬后，成活率为 60%，均表现出较好的观赏效果；淹水 15 d 处理，恢复养护 1 个月后及至越冬后，成活率较低，观赏效果较差。结果表明淹水 5 d 和 10 d 的处理，对黄栌的恢复生长以及越冬后生长影响不是很大。

表 3.8　黄栌恢复养护后不同淹水处理成活率、观赏效果及耐涝能力评价

恢复养护	淹水 5 d		淹水 10 d		淹水 15 d		耐涝能力评价
	成活率	观赏效果	成活率	观赏效果	成活率	观赏效果	
1 个月	100%	5 分	60%	3 分	20%	2 分	中
越冬后	100%	5 分	60%	4 分	20%	4 分	

综合来看，黄栌在淹水处理期间，淹水使叶片叶绿素含量降低，叶片光合作用降低，叶片有机物增加，这可能是由于淹水对叶片有机物的转移造成影响；黄栌的地上

形态，随淹水时间的增加，而呈现叶片变黄、变红情况逐渐增加，逐渐像秋天形态的黄栌转化；黄栌地下根系，呈现随淹水时间的增加，伤害逐渐明显；恢复养护后，恢复情况随淹水时间的增加而逐渐减弱；恢复养护 1 个月以及至越冬后，淹水 5 d 成活率为 100%，观赏性好，淹水 10 d 成活率为 60%，观赏性较好，淹水 15 d 成活率为 20%，观赏性不佳。黄栌综合得分为 72.8 分，耐淹水能力为中等。

3.3.1.7　玉兰

（1）叶片干鲜比、含水率、比叶重及比叶面积变化

见图 3.19。

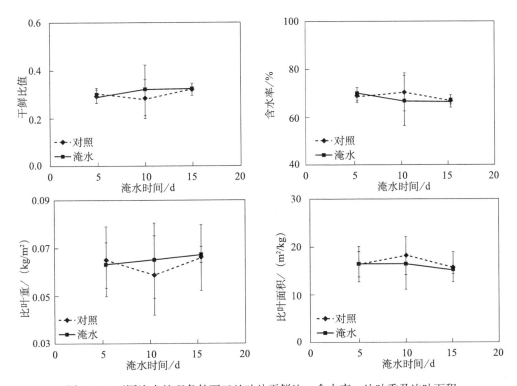

图 3.19　不同淹水处理条件下玉兰叶片干鲜比、含水率、比叶重及比叶面积

在淹水处理期间，不同淹水时间处理玉兰叶片的干鲜比、含水率、比叶重及比叶面积基本保持稳定，且与对照组相近，表明淹水处理对叶片的含水情况影响不大。淹水处理玉兰的比叶重与其他 3 个指数相比，略有上升趋势，表明淹水处理可能会使玉兰的有机物增加，可能是由于淹水处理后，叶片有机物转移受到影响。

（2）叶片叶绿素含量变化

见图 3.20。

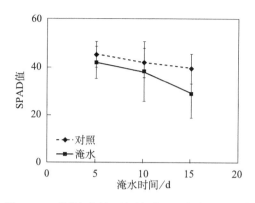

图 3.20　不同淹水处理条件下玉兰叶片 SPAD 值

在淹水处理期间，玉兰的 SPAD 数值呈现下降趋势，与对照组之间差值呈现增加的趋势，表明淹水使玉兰受到胁迫，叶片叶绿素含量降低。

（3）叶片光合荧光潜能指数变化

见图 3.21。

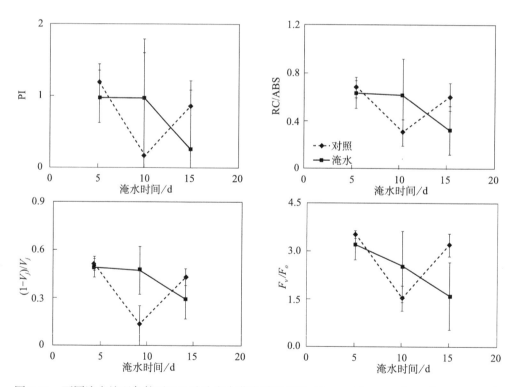

图 3.21　不同淹水处理条件下玉兰叶片光合荧光潜能指数（PI，RC/ABS，（$1-V_j$）/V_j，F_v/F_o）

在淹水处理期间，不同淹水时间处理玉兰的光合荧光潜能指数，随淹水时间的增加呈现下降趋势，表明淹水处理会影响玉兰叶片的光合作用，随着淹水时间的延长，植物受胁迫程度加剧。

（4）淹水结束时地上部形态观测

玉兰淹水 5 d，枝干挺拔，有少许叶片变黄，未出现叶片脱落和病虫害现象，观赏效果好，地上部分生长势正常；淹水 10 d，植株茎秆挺拔，部分茎尖及叶片萎蔫变褐，未出现叶片脱落和虫害现象，观赏效果不佳；淹水 15 d，大部分植株茎尖与叶片枯萎黄褐，少量落叶，个别植株耐涝性较好，观赏效果较差。玉兰淹水处理组叶片整体呈现由绿转黄，SPAD 值下降，表明淹水后玉兰主要表现为叶片黄化，逐渐萎蔫、枯萎。

（5）淹水结束时根系形态观测

健康的对照组老根系呈棕黑色，新根白色，形态完整。淹水 5 d 后，根系形态出现萎缩，肉质根少部分根尖有溃烂黑腐现象，表明根系受损。而淹水 10～15 d 玉兰的根系出现渐进式腐烂，洗根过程中出现大量根表皮脱落现象，露出根系中间的白色髓心，淹水 10 d 根系的一部分变为灰褐色半透明状，根尖脱落，15 d 后根系大部分根的外周皮变色脱落，表明根系严重受损。这与地上部叶片严重萎蔫的结果一致，表明玉兰根系较不耐水淹，水淹后根系形态和功能易遭到破坏，不能正常吸水。

（6）恢复养护后形态观测

恢复养护 1 个月后，淹水 5 d 的植株后期恢复一般，部分茎尖与老叶变成黄褐色，无新叶萌发，生长势正常；淹水 10 d 的后期恢复效果不佳，大部分植株老叶变褐黄萎蔫，甚至落叶，生长势很差或濒死，仅个别植株株型完好并萌生冬芽；淹水 15 d 处理后期恢复效果不佳，老叶变黄萎蔫，但仍有个别植株株型完好并萌生冬芽。

由表 3.9 可知，淹水处理组玉兰，通过恢复养护 1 个月后，均有死亡植株出现，且观赏效果较差。恢复养护至越冬后，所有淹水植株均死亡。表明淹水处理影响玉兰的生长，恢复养护后不能得到有效恢复，植株受害不能越冬。

表 3.9　玉兰恢复养护后不同淹水处理成活率、观赏效果及耐涝能力评价

恢复养护	淹水 5 d		淹水 10 d		淹水 15 d		耐涝能力评价
	成活率	观赏效果	成活率	观赏效果	成活率	观赏效果	
1 个月	80%	2 分	40%	2 分	40%	1 分	极差
越冬后	0	0 分	0	0 分	0	0 分	

综合来看，玉兰在淹水处理中，淹水使其叶片黄化，叶绿素含量下降，光合作用减弱；随淹水时间增加，观赏效果减弱；恢复养护后，淹水处理组植株未能得到有效

恢复；越冬后，成活率为 0。玉兰综合评分为 59.3 分，耐淹水能力极差。

3.3.1.8　丁香

（1）叶片干鲜比、含水率、比叶重及比叶面积变化

见图 3.22。

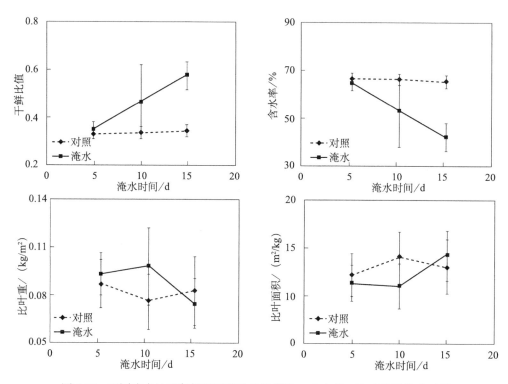

图 3.22　不同淹水处理条件下丁香叶片干鲜比、含水率、比叶重及比叶面积

在淹水处理期间，不同淹水时间处理丁香叶片的含水率呈现下降趋势，干鲜比反之，表明淹水条件下使丁香吸水能力受影响。

（2）叶片叶绿素含量变化

见图 3.23。

在淹水处理期间，淹水 5 d、10 d 丁香的 SPAD 数值低于对照组，淹水 15 d 高于对照组，表明淹水使丁香受到胁迫，叶片叶绿素含量受到影响。

（3）叶片光合荧光潜能指数变化

见图 3.24。

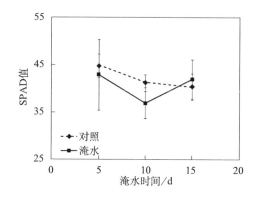

图 3.23　不同淹水处理条件下丁香叶片 SPAD 值

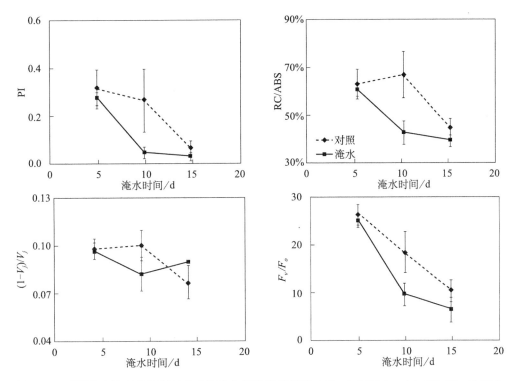

图 3.24　不同淹水处理条件下丁香叶片光合荧光潜能指数（PI，RC/ABS，（$1-V_j$）/V_j，F_v/F_o）

在淹水处理期间，淹水处理组丁香的光合荧光潜能指数多数低于对照组，通过光合敏感指数 PI 可以看出，淹水处理条件下丁香处于胁迫状态，随着淹水时间的延长胁迫程度加剧。

（4）地上部形态观测

丁香淹水 5 d 后，枝干挺拔，未出现叶片脱落和病虫害现象，观赏效果较好，地上部分生长势正常。淹水 10 d 后，植株茎秆挺拔，部分叶缘卷曲叶片呈现水渍状，未出现叶片脱落和虫害现象，观赏效果不佳。淹水 15 d，大部分叶片呈水渍状，卷曲枯萎，少量落叶，观赏效果差。表明丁香随淹水时间的增加，观赏性逐渐降低。

（5）根系形态观测

对照组根系老根呈浅棕黄色，新根牙白色。与对照相比，淹水 5 d 的丁香根系完整，新根白色，10 d 的根系呈棕黄色、黑色，15 d 的根系灰白色，根尖腐烂，露出白色髓心，这与地上部分叶片落叶与卷叶枯萎相对应，表明淹水对丁香的影响随淹水时间的增加而逐渐加强。

（6）恢复养护后形态观测

淹水组恢复养护 1 个月后，淹水 5 d 的植株后期恢复一般，部分茎尖与枝端叶片皱缩枯萎并开始落叶；淹水 10 d 的后期恢复效果差，大部分叶片褐黄萎蔫，直至落叶，近干基部叶片保持完好。淹水 15 d 的处理后期恢复差，枝端叶片全部枯萎。

由表 3.10 可知，不同淹水时间处理的丁香经过 1 个月的恢复养护后，各淹水处理的成活率分别降至 40%、20% 和 0，观赏效果均较差。恢复养护至越冬后，成活率分别为 40%、40% 和 0，存活植株观赏效果较差。

表 3.10　丁香恢复养护后不同淹水处理成活率、观赏效果及耐涝能力评价

恢复养护	淹水 5 d		淹水 10 d		淹水 15 d		耐涝能力评价
	成活率	观赏效果	成活率	观赏效果	成活率	观赏效果	
1 个月	40%	3 分	20%	1 分	0	0	极差
越冬后	40%	3 分	40%	3 分	0	0	

综合来看，在淹水处理期间，淹水降低丁香叶片含水率、有机物含量、叶片叶绿素含量、光合作用；淹水影响丁香的地上形态，且随着淹水时间的增加，影响逐渐加强；淹水影响地下根系，同样随着淹水时间的增加，影响逐渐加强，影响根系生长可能是地上形态变化的主要原因；恢复养护 1 个月后，地上形态不能得到恢复，且随着淹水时间的增加，成活率逐渐降低，观赏性逐渐减弱；至越冬后，淹水各处理组的成活率和观赏性改善情况不乐观。丁香综合评分为 57.9 分，耐淹水能力极差。

3.3.2　几种典型草本植物淹水后表型变化及成活率

3.3.2.1　金边玉簪

金边玉簪淹水 5 d 后地上部正常生长，淹水叶片上附有水中杂质；淹水 10 d 后未淹水叶片正常生长，淹水叶片出现轻微发黄；淹水 15 d 后未淹水叶片正常生长，淹水叶片出现轻微腐烂。正常养护 1 个月后，各淹水处理组成活率均为 100%，且观赏效果较好，综合评分为 100 分，耐涝能力评价为极强。

3.3.2.2　拂子茅

拂子茅淹水 5 d、10 d、15 d 后地上部均正常生长，且随着淹水时间的增长，植物基部淹水部位长出不定根。正常养护 1 个月后，3 个淹水处理组拂子茅成活率均为 100%，且观赏效果较好，综合评分为 100 分，耐涝能力评价为极强。

3.3.2.3　涝峪苔草

涝峪苔草淹水 5 d 和 10 d 后叶片正常，淹水 15 d 后，叶片出现发黄。正常养护 1 个月后，淹水 5 d、10 d、15 d 处理成活率分别为 100%、100%、60%，综合评分为

76.7 分，耐涝能力评价为中。

3.3.2.4　费菜

费菜淹水 5 d 后浸水叶片出现轻微腐烂现象，但仍能正常开花，基部生长正常。淹水 10 d 后淹水叶片腐烂严重，未淹水叶片正常生长，但仍可开花。淹水 15 d 后地上部淹水叶片完全腐烂，未淹水叶片仍表现正常，基部未腐烂。5 d、10 d 和 15 d 淹水处理正常养护 1 个月后成活率均为 100%，但由于淹水 15 d 处理其下部叶片腐烂，观赏效果受到一定程度的影响，综合评分为 83.3 分，耐涝能力评价为强。

3.3.2.5　天人菊

天人菊淹水 5 d 地上部叶片出现萎蔫、发黄，淹水叶片腐烂，正常养护 1 个月后成活率为 60%，淹水 10 d 和 15 d 后，茎秆均出现腐烂，正常养护 1 个月后成活率均为 0，综合评分为 16.7 分，耐涝能力评价为极差。

3.3.2.6　鼠尾草

鼠尾草淹水 5 d 后地上部叶片出现腐烂，腐烂率为 20% 左右，淹水 10 d 后地上部叶片 80% 腐烂，茎秆留存，淹水 15 d 后地上部腐烂率达 95% 以上，茎秆基部基本完全腐烂。5 d、10 d 和 15 d 淹水处理成活率分别为 20%、0、0，综合评分为 6.6 分，耐涝能力评价为极差。

3.3.3　常见木本植物和草本植物耐涝能力评分及分级

根据木本植物和草本植物耐涝能力评价指标，对供试植物进行了详细的评价指标测定，并根据每种植物的综合评分，对 39 种木本植物和 44 种草本植物进行了耐涝能力分级。具体分级结果见表 3.11 和表 3.12。

表 3.11　常见木本园林植物耐涝能力综合评分及分级

序号	树种	得分	耐涝等级	序号	树种	得分	耐涝等级
1	沙地柏	100	极强	10	银杏	90.2	极强
2	蔷薇	96.7	极强	11	侧柏	90.0	强
3	红瑞木	95.6	极强	12	桧柏	90.0	强
4	榆树	95.1	极强	13	国槐	89.8	强
5	白蜡	94.2	极强	14	法桐	89.0	强
6	西府海棠	93.4	极强	15	栾树	88.3	强
7	杨树	91.5	极强	16	紫薇	87.5	强
8	刺槐	90.7	极强	17	月季	86.6	强
9	卫矛	90.3	极强	18	元宝枫	86.3	强

序号	树种	得分	耐涝等级	序号	树种	得分	耐涝等级
19	大叶黄杨	86.2	强	30	黄栌	72.8	中
20	金叶女贞	84.5	强	31	珍珠梅	68.9	差
21	黄刺玫	84.1	强	32	白皮松	68.3	差
22	平枝栒子	83.4	强	33	锦带	66.5	差
23	扶芳藤	83.3	强	34	雪松	61.7	差
24	紫荆	83.1	强	35	玉兰	59.3	极差
25	紫叶小檗	83.1	强	36	丁香	57.9	极差
26	木槿	82.3	强	37	连翘	53.2	极差
27	柳树	78.9	中（极强）	38	棣棠	50.2	极差
28	金焰绣线菊	77.6	中	39	大花醉鱼草	49.5	极差
29	金银木	77.3	中				

表 3.12　常见草本园林植物耐涝能力综合评分及分级

序号	物种	得分	耐涝等级	序号	物种	得分	耐涝等级
1	马蔺	100.0	极强	23	薹草	53.3	极差
2	荷兰菊	100.0	极强	24	垂盆草	52.5	极差
3	黄花鸢尾	100.0	极强	25	山韭	50.0	极差
4	大花秋葵	100.0	极强	26	黑心菊	46.7	极差
5	金边玉簪	100.0	极强	27	芨芨草	33.3	极差
6	拂子茅	100.0	极强	28	蛇鞭菊	30.0	极差
7	青绿苔草	100.0	极强	29	桔梗	26.7	极差
8	高山紫菀	100.0	极强	30	藁本	16.7	极差
9	婆婆纳	96.7	极强	31	天人菊	16.7	极差
10	假龙头	96.7	极强	32	瞿麦	13.3	极差
11	电灯花	96.7	极强	33	美国薄荷	10.0	极差
12	车前	86.7	强	34	黄芩	7.5	极差
13	蛇莓	86.7	强	35	宿根福禄考	6.7	极差
14	玉带草	86.7	强	36	荆芥	6.7	极差
15	射干	83.3	强	37	鼠尾草	6.7	极差
16	费菜	83.3	中	38	赛菊芋	6.7	极差
17	匍枝委陵菜	80.0	中	39	阔叶风铃草	0	极差
18	连钱草	80.0	中	40	肥皂草	0	极差
19	涝峪苔草	76.7	中	41	松果菊	0	极差
20	狼尾草	73.3	中	42	大叶铁线莲	0	极差
21	脚苔草	63.3	差	43	藿香	0	极差
22	八宝景天	56.7	极差	44	蜀葵	0	极差

3.4 讨论

3.4.1 耐涝性园林植物评价和筛选的意义

涝害是指土壤水分达到饱和时对植物正常发育所产生的危害，影响着世界 10% 左右植物的生长，约占自然灾害的 24%。随着全球气候异常，极端天气状况频发，局部地区暴雨、洪涝灾害严重，雨洪城市、集雨型花园、海绵城市理念的兴起，北京地区大量绿地会面临短时积水的局面。准确鉴定及评价耐涝园林植物是建设雨洪城市园林绿化的首要条件。为了确保首都绿化成果的安全，确保所应用的植物能够适应短时积水的胁迫环境，必须筛选耐涝能力强的园林植物，并在新型城市绿地中加以应用。除此之外，研究评价园林植物的耐涝性，可以为以后筛选和培育耐涝性的植物品种提供科学的依据。本研究的目的是筛选出耐水淹能力强的常见园林植物，同时建立耐涝园林植物筛选的指标体系，从而筛选出更多的耐涝园林植物，为绿地雨水蓄渗净用工程提供更丰富的植物材料。

3.4.2 耐涝性鉴定方法和评价指标

水涝胁迫主要限制光合作用与有氧呼吸，而促进无氧呼吸，也有一些植物在水涝胁迫下光合本身并不改变，但光合产物输出受阻，因产物抑制而降低了光合速率。淹水除了造成土壤缺氧外，对植物还有"水套作用"，引起植物体无氧呼吸，产生乙醇等有毒中间产物，从而使植物发生某些适应性变化，如促进叶片衰老、脱落，茎直径增加，通气组织形成，产生不定根等，其本质是淹水引起生长素和乙烯相互作用，引起植物体各部分生长变化（余叔文，1998）。研究发现，90% 的品种耐涝性其幼龄与成龄植株间具有较强的正相关性（Wagner，1994），表明利用小苗进行抗涝植物筛选具有较高的可靠性。

在耐涝性研究方面，国内外学者开展了大量相关研究。抗涝性评价指标主要从形态结构、生理代谢以及植株的生长、存活率等方面来研究（卓仁英 等，2001）。存活率和高生长则是评价抗涝性强弱的最直接标准。存活率是评价植物抗涝性的一个重要指标，长期涝渍胁迫下强抗涝性植物的存活率明显高于弱抗性的植物。根据实验目的不同，已有耐涝性研究实验处理周期可长达两年（Angelov et al., 1996），而我们的研究是为了解决北京夏季暴雨季节短时积水问题，因此实验设计的淹水时间为 5 d、10 d、15 d。通常来说，城市绿地积水不会超过 48 h，但集雨型绿地可能积水时间略长，但一般不会允许超过 5 d，时间过长会引起蚊蝇滋生等其他连锁问题，因此设置 5 d、10 d、15 d 的淹水处理足以满足本研究筛选耐涝植物的任务要求。

生理代谢的变化也是植物适应淹水胁迫的一个重要方式，研究表明，抗涝性不同的植物根系 ADH 活性、光合速率、苯丙氨酸解氨酶（PAL）活性、根系淀粉含量以及气孔参数等指标在涝渍胁迫下差异显著。这些指标在林业和农业中非常重要，因为经历涝害胁迫会影响木材或农产品品质。马瑞娟等（2013）利用主成分分析法对不同桃砧木品种对淹水的光合响应及其耐涝性评价，齐琳等（2015）对利用模糊聚类法进行了分析，对无花果品种幼苗淹水胁迫的生理响应与耐涝性进行了评估。目前国内外的植物耐涝性研究多集中在农作物、果树、林业方面，在园林植物耐涝性研究方面较少。

对于北京地区耐涝园林植物的筛选来说，我们的研究更关注植物经历短期胁迫后，对其观赏效果的影响。林建成等（2017）对 3 种闽南夹竹桃、棕榈、桑树常见乔木树种进行了耐涝性研究，根据厦门降雨频次设置间歇性淹水，每次淹水时间为 24 ~ 48 h，整个淹水实验持续 6 个月，覆盖整个厦门汛期。这是一种模拟自然淹水条件的做法，也是为了应对当地汛期长、降雨频繁的自然条件，筛选适宜当地气候特点的植物，为建设海绵城市提供技术支撑的做法。孟晓蕊等（2018）对 4 种引进观赏草在高温及水涝胁迫下的适应性进行了研究，采用模糊数学中的隶属函数法对各个指标进行综合分析，进而对不同品种作出全面评价。但这些研究都没有关注植物脱离涝害胁迫环境后的适应性。对于北京地区木本植物来说，经历涝害胁迫后植物可能能够短期存活，但可能会降低植物抗性，从而影响其越冬能力，因此木本植物越冬后的成活率和观赏效果是非常重要的评价指标。对于草本植物来说，由于其具有较强的再生长能力，植物脱离淹水环境后如能尽快恢复生长势，则对其第二年的生长不会造成太大的影响，因此重点关注其脱离淹水环境后能否尽快恢复生长势。因此，本研究将脱离淹水环境后的植物进行常规养护，待其恢复生长 1 个月后观测其生长状况，对于木本植物则增加越冬后成活率和观赏效果观测。

3.4.3 常见园林植物耐涝性

根据本研究的评价方法，供试的 39 种木本植物 10 种为耐涝性极强的植物、16 种为耐涝性强的植物、4 种耐涝等级为中、4 种为弱、5 种为极弱。而草本植物有 11 种耐涝能力极强、4 种耐涝性强、5 种耐涝等级为中、1 种为弱、23 种为极弱。整体来看，木本植物的耐涝性强于草本。这与实践经验相符。

对于木本植物评价结果来说，评价结果与实践经验基本一致，除柳树外，已知耐涝性强的植物其评价结果均为极强或强，已知不耐涝的植物评价结果均为弱或极弱。这表明本评价方法较为科学合理，可用于木本植物耐涝性评价。根据实际经验来判断，柳树为极耐涝树种，可长期生长在水边，且在实验过程中长出大量不定根，表明其可以很好地适应淹水环境，但其综合评分为 78.9 分，评价等级为中，与实际耐涝性不符。出现这一结果是由于柳树脱离淹水环境后，不能适应急剧的环境变化，其淹水 10 d 和 15 d 处理下生长出大量不定根完全暴露在空气中，土壤中的根系不能满足植物水分需求，从而导致柳树在恢复生长 1 个月后成活率低。而在实际淹水情况下，一方面北京地区绿地很难出现淹水长达 10 d 以上的情况，另一方面实际绿地中柳树不会面临像实验条件这样急剧的环境改变，不会出现柳树淹水后因不适应脱离淹水环境而死亡的现象，因此可放心将柳树应用于集雨型绿地。故根据实际情况，将柳树耐涝性划为极强。除柳树之外的其他植物综合评分均能较好地代表其耐涝性，可在海绵城市建设过程中提供科学合理的树种选择指导。

对于草本植物来说，狼尾草在淹水环境中生长良好，并长出大量不定根，表明其为极耐涝植物。其恢复生长 1 个月后所有淹水处理成活率均为 100%，但观赏效果偏低，地上部茎秆枯黄，综合评分为 73.3 分，耐涝评级为中。造成这一现象的原因可能与柳树相同。但其在集雨型园林绿地的应用不受影响，应根据其实际耐涝性将其划为耐涝植物。相对于大花秋葵和拂子茅来说，这两种植物在淹水条件下也会生长出大量不定根，但脱离淹水环境后仍然能保持良好的观赏效果，表明这两种植物的适应能力更强，二者均为极耐涝植物。

3.4.4 优选耐涝资源的研究和利用

本研究筛选出的常用园林耐涝性强的木本植物 27 种（包括柳树）、草本植物 15 种，可应用于海绵城市建成过程中新建的下沉式绿地、集雨型绿地、雨水花园等，并为已有绿地的改建植物选择提供植物参考。

3.5 本章小结

（1）本研究所采用的评价方法科学合理，可以比较准确地评价除柳树外的其他木本实验树种，以及除狼尾草之外的其他草本实验植物。这两种例外植物均可通过实践经验以及淹水实验过程中观察到的大量不定根判断其为耐涝植物。

（2）本研究筛选出耐涝性较强的木本植物 27 种，其中耐涝性极强的树种有 11 种，包括：沙地柏，蔷薇，红瑞木，榆树，白蜡，西府海棠，杨树，刺槐，卫矛，银杏，柳树；耐涝性强的树种有 16 种，包括：侧柏，桧柏，国槐，法桐，栾树，紫薇，月季，元宝枫，大叶黄杨，金叶女贞，黄刺玫，平枝枸子，扶芳藤，紫荆，紫叶小檗，木槿。

（3）本研究筛选出耐涝性较强的草本植物 15 种，其中耐涝性极强的草本植物有 11 种，包括：马蔺，荷兰菊，黄花鸢尾，大花秋葵，金边玉簪，拂子茅，青绿苔草，高山紫菀，婆婆纳，假龙头，电灯花；耐涝性强的草本植物有 4 种，包括：车前，蛇莓，玉带草，射干。

（4）以上筛选出的耐涝植物可应用于北方地区海绵城市建成过程中新建的下沉式绿地、集雨型绿地、雨水花园等，并为已有绿地改建过程中的植物选择提供参考。

4

绿地按需实时灌溉系统构建

本研究的目的是将已有国家发明专利"一种城市绿地植物—土壤水分传输分析的方法及装置"（ZL201310210137.5）进行应用推广，通过形成方便易操作的软件系统，实现公园绿地按需灌溉管理模式，并选择陶然亭公园绿地作为示范区进行应用。本研究共形成 2 个软件系统，"绿地植物生长—土壤水分动态模拟软件"与"公园绿地灌溉用水决策支持系统"。

绿地植物—土壤水分动态模拟软件。模拟计算中所包含植物过程有：植物物候进程、光合成、同化物分配、结构生长与凋落；土壤水分过程有：降水或灌溉水的入渗、土壤水向上或向下运移、表层土壤水蒸发、根系吸水与植物蒸腾。通过绿地植物、土壤结构特征以及种植、灌溉、修剪等管理操作参数设置，输入驱动数据为日气象，可模拟绿地植物生长与土壤水分动态过程，输出绿地植物叶面积、土壤水分日变化等数据，可作为基础软件用于绿地植物的耗水量与灌溉需水量评估，为城市绿地建设与维护管理提供辅助支持。可作为基础软件计算绿地植物的耗水量与灌溉需水量。

公园绿地灌溉用水决策支持系统是以支持公园绿地灌溉管理进行开发的软件系统，是基于对公园绿地土壤水分的模拟与监测，按照植物养护需求生成日灌溉指令，以表格方式发送灌溉执行人实施，并记录灌溉执行情况，该系统包括 3 个模块：基础信息数据库管理与维护模块、日常灌溉管理操作模块、基于 GIS 空间查询显示模块，该系统研发为城市绿地建设与维护管理提供辅助支持。

4.1　绿地植物生长—土壤水分动态模拟软件

4.1.1　研究区域概况

陶然亭公园位于北京市西城区城南，护城河北岸，是新中国成立后首都最早兴建的一座现代园林，其地理位置为东经 116° 38'，北纬 39° 87'。

选择陶然亭公园内南门东侧花街绿地、湖泊东侧茶馆绿地、东门南侧核桃绿地共三片绿地作为试验对象（具体情况见图 4.1），每个地块按面积均分设置实验样地与对照样地各一块。所有绿地均采用喷灌方式进行灌溉，每个实验样地和对照样地均单独布设喷灌管网，通过控制阀门可单独设置喷灌时间，通过计量水表单独核算用水量。其中试验地执行灌溉决策辅助支持系统指令，系统生成浇灌要求表格，通过远程操作开合电磁阀门进行绿地内自动灌溉，而对照地按照以往经验采用人工方式对绿地进行

图 4.1　试验区位置示意图（另见彩插）

灌溉，记录每次灌溉时间与水表数。同时进行土壤水分、环境因子、土壤理化性质、植物外形的长期观测实验。

4.1.1.1　群落概况

研究区域植物群落配置如表 4.1 所示，南线花街试验点植物种类较多，为复层的植物配置，乔木以西府海棠为主，灌木由紫薇及绿篱等组成，地被包括宿根花卉和草坪；东门试验点植物配置类型乔—草结构，小乔木以西府海棠为主，地被为冷季型草坪。

表 4.1　陶然亭公园监测试验点植物群落配置表

绿地结构类型	位置/编号	群落名称（优势种命名）	盖度（或郁闭度）/%	种植密度/m	株高/m	胸径（或地径）/cm	斑块面积/m²
乔草型	东门实验地	西府海棠－高羊茅	85	3×3	3	10～15	650
乔草型	东门对照点	西府海棠－高羊茅	85	3×3	3	10～15	650
乔灌草型	花街试验地	西府海棠＋圆柏－紫薇－早熟禾	60	2×2/0.6×0.6	3/4	15/5～20	1000
乔灌草型	花街对照点	西府海棠＋圆柏－紫薇－早熟禾	60	2×2/0.6×0.6	3/4	15/5～20	800

4.1.1.2 气象特征分析

北京市 2017 年全年降水总量为 801.37 mm，从图 4.2 可以看出，全年降水量集中在 5—8 月，1—4 月、12 月降水量极少，9—11 月降水量处于中间水平。而 5—8 月降水总量占全年总量的 80 %，其中又有 66.7 % 的降水集中在林木生长旺盛季（7—8 月）。从表 4.2 可以看出，2017 年北京市全年最低温度出现在 1 月为 -9.4 ℃，最高温度在 6 月，为 39 ℃，每个月的温差在 18.1 ～ 29.3 ℃ 范围内变化，较为均衡，如表 4.2 所示。

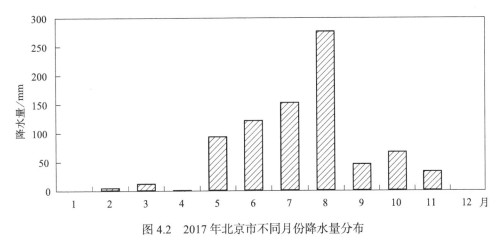

图 4.2　2017 年北京市不同月份降水量分布

表 4.2　2017 年北京市逐月气温

项目 /℃	月份											
	1	2	3	4	5	6	7	8	9	10	11	12
平均气温	-1.1	2.7	9.0	17.1	22.9	25.2	27.6	25.8	22.2	12.5	4.1	0.3
最高气温	8.7	15.6	19.6	34.2	36.7	39.0	37.7	37.3	32.4	25.7	19.4	9.7
最低气温	-9.4	-8.1	-1.3	4.9	10.0	12.6	19.3	15.2	7.4	0.2	-5.5	-8.2
温差	18.1	23.7	20.9	29.3	26.7	26.4	18.4	22.1	25.0	25.5	24.9	17.9

4.1.1.3 土壤物理性状测定

测定不同深度土壤水分特征的一些物理性状，包括容重、饱和含水量、田间持水量、总孔隙度。具体测定方法包括：利用环刀法分别测定 0 ～ 30 cm、30 ～ 60 cm、60 ～ 120 cm 及 120 cm 以下深度的土壤物理性状、土壤容重与田间持水量；利用浸水饱和法测定土壤饱和含水量；利用比重瓶法测定总孔隙度。

4.1.2　模型结构与过程

4.1.2.1　绿地系统概化

绿地系统概化为 3 层，分别为植被层、枯枝落叶层、土壤层，其中植被可为多层，对于单一绿地，只有一层；对于复合绿地，上层为林冠层，下层为草地，土壤分为多层。见图 4.3。

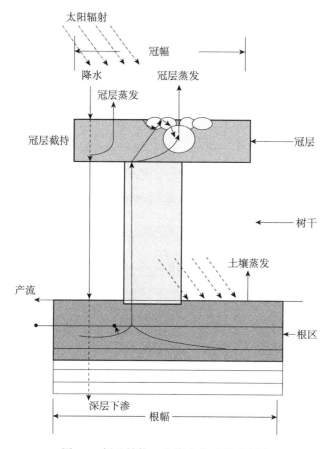

图 4.3　绿地植物—土壤水分过程示意图

植物生长是以植株为单位模拟计算，假定植株的根系可在整个单元分布，即水平无差异，只存在垂直分布差异，水分过程是以立地单位面积计算，二者通过植株密度统一。

4.1.2.2　绿地植物生长

（1）植物结构与生物量

模型将绿地植物简化为地上、地下两部分，地上结构特征为冠幅（C_{Area}）、株高（C_{High}）、叶面积指数（L_{AI}）、地下结构根深（R_{Depth}）。植物生物量分为叶（M_L）、茎枝生物量（M_A）、粗根（M_C）、细根（M_F）、繁殖（M_P）5 部分：

$$M_T = M_A + M_R$$
$$M_A = M_L + M_S + M_P \tag{4.1}$$
$$M_R = M_C + M_F$$

式中，M_T 是总生物量，M_S 是主干生物量，M_R 是地下生物量。

结构与植株生物量之间存在异速关系：

$$C_{Area} = k_1 \times M_A^{c_1}$$
$$C_{High} = k_2 \times M_A^{c_2}$$
$$R_{Depth} = k_3 \times M_R^{c_3} \tag{4.2}$$
$$L_{AI} = \frac{M_1}{A_1 \times C_{Area}}$$

式中，k_1、k_2、k_3、c_1、c_2、c_3 分别是结构与生物量之间关系系数，A_1 是叶比重。

各组织的生物量 M_i 动态由所分配的同化物与呼吸消耗决定：

$$\frac{dM_i}{dt} = \begin{cases} (A_{n_i} \times k_{fi} - M_i \times R_{mi}) \times (1-R)_{gi}, & A_{n_i} - R_{m_i} > 0 \\ A_{n_i} \times k_f - M \times R_{mi}, & A_{n_i} - R_{m_i} \leqslant 0 \end{cases} \tag{4.3}$$
$$A_{ni} = A_n \times k_{fi}$$

式中，M_i 是 i 组织生物量，A_n 是日同化物合成量，k_{fi} 是给 i 组织的分配系数，R_{gi} 是 i 组织生长呼吸系数，R_{mi} 是 i 组织维持呼吸系数，计算公式为

$$R_{mi} = R_{m25} \times \left(\frac{M_i}{M_i + m_0} \right) \times (3.22 - 0.046T)^{(T-25)/10} \tag{4.4}$$

式中，R_{m25} 是 25℃时的维持呼吸，T 是温度，m_0 是经验参数，取值为 0 植物生长模块包含过程主要为植物生育期发展、同化物合成分配与植物组织生长 3 个过程。

（2）植物物候进程

植物生长分为休眠与生长两个时段，休眠启动与唤醒由温度控制：休眠期间，连续 8 d 日均温大于阈值 8℃，即进入萌发；生长期间，连续 8 d 均温低于 8℃，即进入落叶，5 d 落完，然后进入休眠。

植物生长期分营养生长与繁殖生长两组，营养生长有 0：萌发；1：展叶（抽枝）；2：盛叶；3：叶衰；4：叶落休眠。繁殖生长有 0：现蕾；1：开花；2：结果；3：果

熟；4：果落，物候进程采用生长积温控制，当生长积温达到生育期阈值时阶段即进入下一物候阶段。

$$f_t = P_{\text{HU}_t}\big/ T_{\text{PHU}} \qquad (4.5)$$

式中，f_t 是种植（萌发）后 t 日生长积温系数，达到 1 时，作物成熟，此时生物量合成积累、作物蒸腾、水分与养分吸收停止；T_{PHU} 是作物从萌发到成熟所需要的累积积温时数；P_{HU_t} 是从萌发后 t 日生长积温时数，利用日均温（T_{avg}）计算：

$$P_{\text{HU}} = \sum_{t-pd} T_{\text{eff}} \times f\left(W_{\text{strs}}\right) \qquad (4.6)$$

式中，T_{eff} 是植物生长有效温度，$f\left(W_{\text{strs}}\right)$ 是土壤水分胁迫对发育加速函数：

$$f\left(W_{\text{strs}}\right) = 1 + k_{\text{s}} \times W_{\text{strs}} \qquad (4.7)$$

式中，k_{s} 是加速系数，有效生长温度计算公式为：

$$T_{\text{eff}} = \begin{cases} T_{\text{avg}} & ,\ T_{\text{b}} \leqslant T_{\text{avg}} \leqslant T_{\text{o}} \\ T_{\text{a}} - \left(T_{\text{a}} - T_{\text{b}}\right) \times \left(\dfrac{T_{\text{avg}} - T_{\text{a}}}{T_{\text{m}} - T_{\text{a}}}\right) & ,\ T_{\text{o}} < T_{\text{avg}} < T_{\text{m}} \\ T_{\text{b}} & ,\ T_{\text{avg}} \geqslant T_{\text{m}}, T_{\text{avg}} < T_{\text{b}} \end{cases} \qquad (4.8)$$

式中，T_{avg} 是日均温，T_{b}、T_{o}、T_{m} 分别是植物正常生长的最低温度、最适温度、最高温度。

（3）同化物合成与分配

同化物日合成量根据作物所截获的光合辐射能与光能转化率计算，采用公式为：

$$A_{\text{n}} = R_{\text{UE}} \times I_{\text{PAR}} \qquad (4.9)$$

式中，A_{n} 为日同化物合成量（g/d），R_{UE} 是光能转化率（gM/J），I_{PAR} 为截获光合辐射能（MJ/（$m^2 \cdot d$））。其中，光能截获量根据比尔定律建立的消光模型计算：

$$I_{\text{PAR}} = P_{\text{AR}} \times \left(1 - \exp^{-k_a \times L_{\text{AI}}}\right) \qquad (4.10)$$

式中，P_{AR} 是有效光合辐射（MJ/（$m^2 \cdot d$）），k_{a} 是消光系数。

光能转化率（R_{UE}）由羧化率、光量子转化率等叶片基本光合生理指标决定，并受土壤水分、大气温度的影响，计算公式为：

$$R_{\text{UE}} = R_{\text{UE max}} \times \left(1 - W_{\text{strs}}\right) \times \left(1 - T_{\text{strs}}\right) \qquad (4.11)$$

式中，$R_{UE\,max}$ 为最大光能转化率（gM/J），W_{strs} 是水盐胁迫度，T_{strs} 是温度影响系数，由日均温度（T_{avg}）、作物生长的最适温度（T_o）、基础温度（T_b）、最高温度（T_m）决定，有经验公式：

$$T_{strs} = \begin{cases} 1 & ,\ T_{avg} \leqslant T_b,\ T_{avg} \geqslant T_m \\ 1 - \exp\left[\dfrac{-0.0154 \times \left(T_o - T_{avg}\right)^2}{\left(T_o - T_b - abs\left(T_{avg} - T_o\right)\right)^2} \right] & ,\quad T_b < T < T_m \end{cases} \quad （4.12）$$

同化物的分配主要在根、茎、叶与存储器官中分配，分配系数是生育期的函数。对于一年生作物，要获得最大的繁殖生物量，最优的分配策略是在早期优先分配用于获取营养的根系、叶茎器官，以获得最大的生产效能，在后期转向主要为繁殖储存组织分配同化物，如在初期根系有较高分配比例可达 30% ~ 50%，在后期低于 5% ~ 20%，从观测数据发现，半值经验函数可以很好地描述这一过程，由此构建根系（地上地下）分配系数 $k_{fr}(t)$ 公式：

$$k_{fr}(t) = \frac{k_{r\,max}}{1 + \left(fPHU_t \middle/ k_{r50} \right)^{k_{rc}}} \quad （4.13）$$

式中，$k_{r\,max}$ 是根系最大分配比例，$k_{r\,50}$ 是根系分配降到 $50\% k_{r\,max}$ 的积温时间，$k_{r\,c}$ 是根系分配形状系数；同理构建同化物在营养生长与繁殖生长之间的分配系数 $k_{fr}(t)$ 公式：

$$k_{fp}(t) = \frac{k_{p\,max}}{1 + \left(fPHU_t \middle/ k_{p50} \right)^{k_{pc}}} \quad （4.14）$$

式中，$k_{p\,max}$ 是繁殖生长的最大分配比例，$k_{p\,50}$ 是繁殖生长分配达到 $50\% k_{p\,max}$ 的生长积温时间，$k_{p\,c}$ 是根系分配形状系数。

4.1.2.3　土壤水分变化过程

土壤水分是由降水入渗、侧向壤中流输入、侧向壤中流输出、深层下渗、表层土壤蒸发、植物蒸腾引起的根系吸水 6 个过程决定。设土体深度为 Z_r（mm），上边界为地表，侧向壤中流输入、输出相同，则根区土体体积含水量 θ_s（cm³/cm³）可以表示为：

$$Z_r \times \frac{d\theta_s}{dt} = I_R\left(\theta_s, t\right) - E_s\left(\theta_s, t\right) - E_v\left(\theta_s, t\right) - L\left(\theta_s, t\right) \quad （4.15）$$

式中，$I_R(\theta_s, t)$ 为 t 时刻土壤水分为 θ_s 的降水下渗速率（mm/d），$E_s(\theta_s, t)$ 为 t 时刻土壤含水量为 θ_s 时的土壤蒸发速率（mm/d），$E_v(\theta_s, t)$ 为 t 时刻土壤含水量为 θ_s 时的植物蒸腾速率（mm/d），$L(\theta_s, t)$ 为 t 时刻土壤水分为 θ_s 时的深层下渗速率（mm/d）。

冠层持水 W_c（mm/d）是由冠层截留 I_c（mm/d）与冠层蒸发过程 E_c（mm/d）两个过程决定：

$$\frac{dW_c}{dt} = I_c(W_c, t) - E_c(W_c, t) \tag{4.16}$$

（1）降水入渗

降水入渗（I_R，mm/d）是指降水经冠层截留后进入土壤部分，等于单位时间内坡面降水量 R 减去冠层截留 I_c（mm/d）与地表产流量 Q（mm/d）：

$$I_R = R - I_c - Q \tag{4.17}$$

其中坡面降水量（R，mm/d）与日降水量（P，mm/d）成坡度（slp，°）的余弦关系，有：

$$R = P \times \cos(slp) \tag{4.18}$$

本模型假定降水先全为冠层截持，直到达到冠层最大持水量 $W_{c\,max}$（mm）时出现穿透降水 I_c，即有：

$$I_c = \begin{cases} R - (W_{c\max} - W_c) &, \quad R \geqslant W_{c\max} - W_c \\ 0 &, \quad R < W_{c\max} - W_c \end{cases} \tag{4.19}$$
$$W_c = \min(W_{c\max}, W_c + R)$$

冠层最大持水量 $W_{c\,max}$（mm）与植被的叶面积指数密切相关，通常认为存在线性关系：

$$W_{c\max} = k_c \times I_{LA} \tag{4.20}$$

式中，k_c 为截留系数，缺省值为 0.25。

森林植被土壤入渗率较大，基本属于蓄满产流，即当土壤达到饱和时才出现地表产流 Q（mm/d）：

$$Q = \max(0, I_R) - (\theta_{s\,sat} - \theta_s) \times Z_r \tag{4.21}$$

（2）表面蒸散

蒸散分为冠上层持水蒸发 E_{cos}、冠上层蒸腾 T_{ros}、冠下层持水蒸发 E_{cus}、冠下层蒸腾 T_{rus}、土壤蒸发 E_s 5 个部分，各分项均采用 Penman-Monteith 公式计算：

$$E_{\mathrm{T}} = \frac{1}{\lambda} \frac{\Delta R_{x\_ns} + \rho C_p \left(e_s - e\right)/r_{x\_a} \times 3600}{\Delta + \gamma \left(1 + r_{x-sc}/r_{x\_a}\right)} \tag{4.22}$$

式中，E_{T} 为蒸发散量（mm / h），R_{x_ns} 为 x 层接收的净辐射量（kJ/m），λ 为水的汽化潜热（kJ/kg），Δ 为饱和水汽压斜率（kPa / ℃），C_p 为空气比热（kJ /（kg·℃）），ρ 为空气密度（kg / m³），e_s 为饱和水汽压（kPa），e 为水汽压（kPa），γ 为干湿球常数（kPa / ℃），r_{x_a} 为 x 层边界层阻力（s / m），r_{x_s} 为 x 层表面阻力（s / m）。假定当冠层持水水分蒸发完毕后冠层蒸腾才会发生，持水蒸发后剩下的辐射能量才用于蒸腾，当计算 x 层冠层持水蒸发时，$r_{x\_s}=0$，计算冠层蒸腾时，为 x 层冠层气孔阻力 r_{x_sc}，计算土壤蒸发时，为土壤蒸发阻力 r_{ss}。

边界层阻力（r_a，s/m）与风速和冠层高度有关，采用下式计算：

$$r_a = \frac{\ln^2\left(\left(Z_u - d\right)/z_0\right)}{k^2 U} \tag{4.23}$$

式中，k 为卡曼（von Karman）常数，取值为 0.41，U 为在高度 Z（1.8m）处测定的风速（m / s），d 为零平面位移高度，z_0 为蒸散面粗糙长度，对于冠层高度 h（m）有：$d=0.63h$，$z_0=0.13h$。

土壤表面阻力 r_{ss} 与表层土壤含水量 θ_{s1} 与枯枝落叶层厚度有关，仿照 Shuttleworth（1990）的方法建立经验公式：

$$r_{ss} = r_{s\max} \left(\theta_{ssat} - \theta_{s1}\right)/\left(\theta_{ssat} - \theta_h\right) \tag{4.24}$$

式中，$r_{s\max}$ 为表层土壤最大表面阻力。

冠层气孔阻力 r_{sc} 通过叶片气孔导度与叶面积指数作尺度转换获得：

$$r_{sc} = \frac{1000}{g_s} \times \frac{1 + 0.5 I_{\mathrm{LA}}}{I_{\mathrm{LA}}} \tag{4.25}$$

式中，I_{LA} 为叶面积指数（m² / m²），表示单位地面上的叶面积，g_s 为叶片气孔导度（mm / s），根据植物气孔对环境因子光合有效辐射（P_{ar}，mmol /（m·s））、水汽压亏缺

（D_{vp}，kPa）以及根区土壤相对有效含水（R_{ew}，%）的响应关系，构建 Jarvis 形式冠层气孔导度模型：

$$g_s = g_{s\max} \times \frac{k_{par} \times P_{ar}}{1 + k_{par} \times P_{ar}} \times \frac{1}{1 + k_{Dvp} \times D_{vp}} \times \frac{1}{1 + (R_{ew}/h_{Rew})^{k_{Rew}}}$$ （4.26）

式中，$g_{s\max}$ 为叶片最大气孔导度（mm / s），k_{Ip}、k_{Ds}、k_{Rew} 为与光合有效辐射、水汽压亏缺、根区土壤相对有效水分，h_{Rew} 为 1/2 叶片最大气孔导度时的土壤有效含水率。

（3）土壤水分运动

土壤水分运动采用田间持水量模型，该模型是基于土壤的持水能力建立，认为土壤水分流动是自上而下单向进行的，土壤水分只有达到田间持水量后，才能产生向下的土壤水流 L_{si}（mm / d）：

$$L_{si} = \begin{cases} K_{ssati} \times \dfrac{\exp(\beta_i(\theta_{si} - \theta_{fci})) - 1}{\exp(\beta_i(1 - \theta_{fci})) - 1}, & \theta_t \geq \theta_{fct} \\ 0, & \theta_i < \theta_{fci} \end{cases}$$ （4.27）

式中，θ_{si} 为 i 层土壤含水量（cm³ / cm³），最底层的下渗量为深层下渗量，θ_{fci} 为田间体积持水量（cm³ / cm³），K_{ssati} 为饱和导水率（mm / d），β_i 为一个取值范围 12～26 系数，相当于沙土—黏土。土壤水分变化以天为单位，一日内表层土壤水分变化率为：

$$\Delta\theta_{s1} = \frac{IR - E_s - L_{s1} - R_{r1}}{Z_1}$$ （4.28）

其他层为：

$$\Delta\theta_{si} = \frac{L_{si-1} - L_{s1} - R_{ri}}{Z_i}$$ （4.29）

其中，Z_i 为 i 层土壤厚度（mm），R_r 为根吸收水量（mm / d），L_{s1} 是一天之内卷层土壤水流，L_{si-1} 是天之内其他层次土壤水流。在日或更大的时间单位里，非储水植物的蒸腾耗水量与根系吸水量相平衡，根系吸水是由植物蒸腾需水、根区土体可用水分、根系水分获取能力共同决定的，第 i 层土壤根系提水量 R_{ri} 为

$$R_{ri} = Ev \times \frac{f_{ri} \times R_{ewi}}{R_{ew}}$$

$$R_{ew} = \sum f_{ri} \times R_{ewi}$$

(4.30)

式中，f_{ri} 为 i 层土壤细根比例，R_{ewi} 为 i 层可利用土壤水分相对有效含水量，R_{ew} 为根区总可利用土壤水分，相对有效含水量由土壤田间持水量与萎蔫含水量决定：

$$R_{ewi} = \begin{cases} 1, & \theta_{si} \geqslant \theta_{fc} \\ \dfrac{\theta_{si} - \theta_w}{\theta_{fc} - \theta_w}, & \theta_{fc} > \theta_{si} \geqslant \theta_w \\ 0, & \theta_{si} < \theta_w \end{cases}$$

(4.31)

4.1.3 程序设计流程结构图

4.1.3.1 主程序（Main）

见图 4.4。

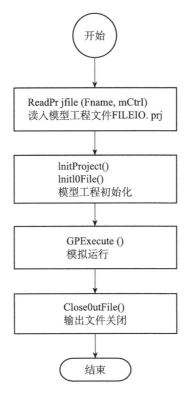

图 4.4 主程序流程结构图

4.1.3.2 时间进程（GPExecute）

见图 4.5。

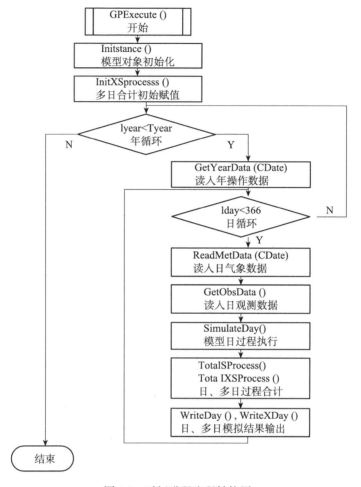

图 4.5　时间进程流程结构图

4.1.3.3　日过程（SimulateDay）

见图 4.6。

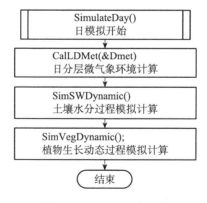

图 4.6　日过程流程结构图

4.1.3.4　土壤水分模拟（SimSWDynamic）

见图 4.7。

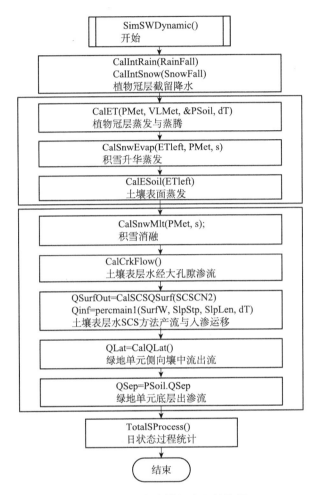

图 4.7　土壤水分模拟流程结构图

4.1.3.5　植物动态（SimVegDynamic）

见图 4.8。

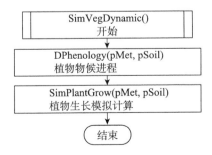

图 4.8　植物动态生长流程结构图

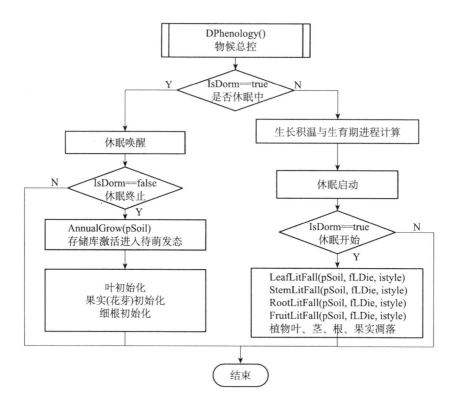

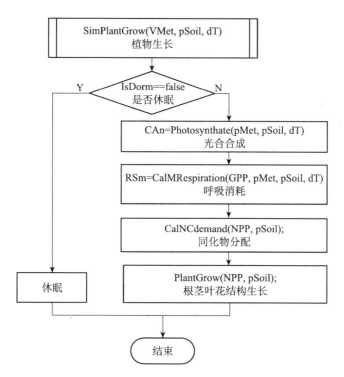

图 4.8　植物动态生长流程结构图（续）

4.2 公园绿地灌溉用水决策支持系统

4.2.1 系统结构

该系统包括 3 个模块（图 4.9）：

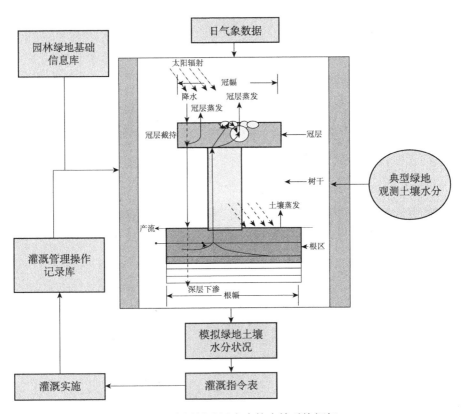

图 4.9 公园绿地用水决策支持系统框架

基础信息数据库管理与维护模块，具体为：

绿地斑块、植物组成以及养护等级等的信息管理；

绿地植物结构（fCov、LAI、Rdepth）变化；

绿地植物参数的管理。

日常灌溉管理操作模块，具体为：

每日早晨，从接口文件中读出前日实际与未来 7 日预测的气象数据，模拟计算各斑块的未来 7 日土壤水分与需水，结果存于"状态 _ 斑块绿地日土壤水分""过程 _ 斑块植物日需水"表中。

根据"过程_斑块植物日需水"与斑块面积、灌溉阀门参数，生成"灌溉指令表"，并生成报表（对于自动灌溉管理系统，将灌溉指令发给自动控制系统，开启阀门执行灌溉）。

每日临下班或次日早晨，录入实际的灌溉执行情况至"绿地灌溉实施表"。

基于GIS空间查询显示模块，具体为：

显示当前公园绿地分布；

点击查询显示斑块的信息：类型、土壤水分状况；

可以在下拉单中选择某一条件（如缺水）的斑块，突出显示。

4.2.1.1　绿地斑块结构

GreenIRR系统是以整个公园绿地灌溉管理为目标，以园区—地块—地块分区—绿地斑块四级组织。"地块"是公园日常管理当中所设置的一级单位，"地块分区"是以灌溉管理为目标设置的最小分级单位，"绿地斑块"为植物—土壤水分动态模拟的基本单位。

绿地斑块根据植物类型分纯木本、纯草本、木本草本混合3种斑块类型（图4.10），同一绿地斑块的植物存在光、水资源竞争。模型中植被分为两层：冠上层、冠下层；土壤分为三层：表土层、中间层、根下层；水分分为冠层持水、土壤含水两部分。

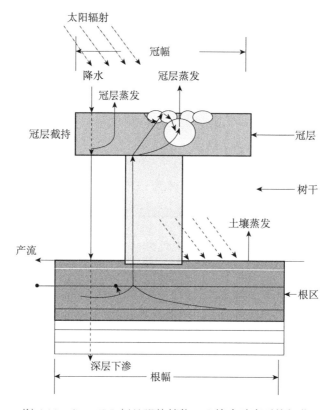

图 4.10　GreenIRR 绿地斑块植物—土壤水动态系统概化

4.2.1.2　植物结构变化

GreenIRR 系统中的植物结构包括盖度（fCov）、叶面积指数（LAI）、根深（RDepth）3 项，采用表输入处理。

4.2.1.3　灌溉指令生成

灌溉指令生成需要 3 个步骤：灌溉触发、植物用水、次灌水量。

每种植物根据其类型、管护等级存在根区土壤水分胁迫接受下限 θ_{si0}，当土壤水分低于该值时触发灌溉，灌溉水强度为 IRR_w（mm）：

$$I_{RR_w} = \max\left(\sum_{i}^{n} \left(k_1 \times \theta_{fcsi} - \theta_{si} \right) \times Z_i \times 10, 0 \right) \tag{4.32}$$

式中，k_1 为养护等级水分保障系数，θ_{fcsi} 为 i 层土壤田持含水量（cm³/cm³），θ_{si} 为 i 层土壤含水量（cm³/cm³），n 为灌溉根深土层数，Z_i 为土层厚度（cm），地块需水量 Q_w（m³）为：

$$Q_w = \frac{I_{RR_w} \times A}{1000} \tag{4.33}$$

式中，A 为地块面积（m²）。

灌溉使得土壤水分高于胁迫值即可，在不产生地表产流与深层下渗的前提下，灌溉设置存在频次与次灌水量的权衡，高频滴灌节水性能好，但耗费劳力大，低频高灌周期加长，节省劳力，但存在浪费水的可能，另外部分林木怕水淹。

4.2.2　用户操作使用

GreenIRR 系统模拟是每日自动执行，用户操作工作主要为其中数据库的维护与管理，具体包括：

公园绿地基础数据库；

气象数据准备与导入；

模型运行合成灌溉指令；

灌溉实施状况。

4.2.2.1　公园绿地基础数据管理

公园绿地是以园区—地块—地块分区—绿地斑块四级组织。正常情形下整个公园作为一个园区。

（1）基础库

所操作数据库名为"0_园林绿地基础库.Mdb"。其中，"地块"数据存于"现状_地块"表中，属性信息如表 4.3 所示。

表 4.3　现状地块属性信息

现状 _ 地块				
地块 ID	地块名称	面积 /m²	占园区面积比 /%	日期
1	试验 1_ 南线绿地	4000	2	
2	试验 2_ 核桃地	1500	2	

"地块 _ 分区"数据存于"现状 _ 地块分区"表中，属性信息如表 4.4 所示。

表 4.4　地块分区属性信息

现状 _ 地块分区								
地块分区 ID	地块分区	地块 ID	土壤 ID	绿地类型 ID	绿地类型	面积 /m²	占地块面积比例 /m²	日期
1	南线绿地 _ 试验	1	1	8	林草	2000	50	2015-1-1
2	南线绿地 _ 对照	1	1	8	林草	2000	50	2015-1-1

"绿地斑块"数据存于"现状 _ 绿地斑块"表中，并有"现状 _ 绿地斑块土壤""现状 _ 绿地斑块植物""现状 _ 绿地斑块植物根系"存储土壤与植物，属性信息如表 4.5 所示。

表 4.5　绿地斑块属性信息

现状 _ 绿地斑块							
SID	地块分区 ID	斑块 ID	绿地斑块	绿地类型 ID	绿地类型	斑块面积 /m²	斑块占地块比
11	1	1	林 _ 草	8	林 _ 草	750	1
21	2	1	林 _ 草	8	林 _ 草	750	1

现状 _ 绿地斑块土壤						
SID	地块分区 ID	土层编号	土深 /cm	土厚 /cm	土壤含水 /%	日期
11	1	1	5	5	35	2016-1-1
11	1	2	15	10	35	2016-1-1
11	1	3	30	15	35	2016-1-1

现状 _ 绿地斑块植物

SID	植物层号	植物ID	植物	冠幅/m²	株数	盖度/%	根深/cm	日期	养护级别	胁迫阈值	灌溉上限
11	1	1412	海棠	0.2	1	0.3	150		11	0.5	0.85
11	2	3201	草坪_早熟禾	0.8	1	0.9	30		21	0.5	0.85
21	1	1412	银杏	0.2	1	0.3	150		11	0.5	0.85

现状 _ 绿地斑块植物根系

SID	绿地斑块ID	绿地植物组ID	植物ID	植物	土层编号	土深/cm	土厚/cm	细根比例/%	日期
11	1	1	1412	银杏	1	5	5	4.166667	2016-1-1
11	1	1	1412	银杏	2	15	10	8.333333	2016-1-1

该子系统负责以上数据库记录增加、修改、删除等管理维护。

参数库：

参数库主要是对土壤和植被背景信息进行录入，指标如表4.6所示。

表 4.6　参数库属性信息

参数 _ 土壤分层

土层编号	土壤类型编码	土深/cm	土厚/cm	土壤水分/%	有机质/（mg/cm³）
1	1	5	5	0.3	0.1
2	1	15	10	0.3	0.1

参数 _ 土壤类型分层

SoilID	SOL Name	LayID	发生层	SDepth/cm	BDensity/（g/cm³）	Porosity/%	ThsFC	ThsTH	THsWP	THSWO	alKs	KsSat/（cm/h）
1	陶然亭1	1	腐殖层	15.13	1.25	0.37	0.32	0.21	0.1	0.07	5	10.2

参数 _ 植物类型

植物功能型ID	植物功能型	层号	高度/m	盖度/%	LAI_max	根深/cm	年
1	银杏	2	10	80	3.5	150	2016
2	禾草	1	0.2	100	1.5	35	2016

初始值：

表 4.7 对模型的初始值进行了定义。

表 4.7 初始值属性信息

模拟初始值 _ 绿地土壤类型

SoilID	LayID	XLayID	SDepth /cm	Zdepth /cm	Ths/%	Temp/C	Salt/（mg/ cm³）	OrgMass/（mg/ cm³）	NO₃–N/（mgN/ cm³）	NH₄–N/（mgN/ cm³）
1	1	1	5	5	0.41	10	3	25	5	5
1	2	1	10	15	0.41	10	3	25	5	5

模拟初始值 _ 绿地土壤类型

绿地类型 ID	绿地类型	层号	植物 ID	植物	冠幅 /m²	株数	根深 /cm
3	纯草	1	3101	草坪 _ 麦冬	1	1	30
2	纯灌	1	2101	大叶冬青	1	1	90

模拟初始值 _ 绿地植物根系

斑块植物 ID	土层编号	土深 /cm	土厚 /cm	细根比例 /%	细根量 /（mg/cm³）	总根量 /（mg/cm³）
1	1	5	5	4.166667	0.3	0.1
1	2	15	10	8.333333	0.3	0.1
1	3	30	15	12.5	0.3	0.1
1	4	45	15	12.5	0.3	0.1

4.2.2.2　气象数据准备与导入

操作数据表 4.8 位于 "2_气象数据 .mdb" 中，用于存储管理过去与未来 7 日气象数据。

表 4.8 气象数据属性信息

数据 _ 日气象

日期	年	儒历日	日均气温 /℃	日最高温 /℃	日最低温 /℃	降水 / mm	空气湿度 /%	风速 （m/s）	气压 / kPa	日照时数 /h	太阳辐射 /（MJ/ m²）	ET/mm	来源
2017–12–7	2017	341	1.5	6.1	–2	0	74	1.3	101.61		5		–1

4.2.2.3　模型运行合成灌溉指令

模型完成的操作包括：

输入数据

从 "数据 _ 日气象" 表提取气象数据，从 "日灌溉" 中提取灌溉水量；

从 "01_X 斑块绿地植物""02_X 绿地植物根系分布""02_X 绿地植物结构参数"

提取斑块植物和土壤的初始结构；

从"现状 _ 绿地斑块土壤"提取初始状态量；

从"动态 _ 绿地斑块植物日 LAI"提取植物变化；

从参数表"02_X 绿地植物土壤参数""02_X 绿地植物结构参数"提取植物与土壤相关水分过程参数。

模拟计算

模拟计算土壤水分与植物变化。

结果存储

模拟斑块变化状态结果分别存入："状态 _ 斑块绿地日土壤水分""状态 _ 斑块绿地植物结构""状态 _ 斑块绿地植物根系分布"中；

模拟斑块变化过程结果分别存入："过程 _ 斑块绿地水分日通量""过程 _ 斑块植物日光合蒸腾""过程 _ 斑块植物日需水""过程 _ 斑块植物日生长分配"中。

最终形成的灌溉指令信息如表 4.9 所示。

表 4.9　灌溉指令属性信息

			数据 _ 灌溉指令				
SID	绿地斑块	地块分区	灌溉 /mm	灌水量 /m³	斑块面积 /m²	灌溉方式	日期
11	林 _ 草	南线绿地 _ 试验	0	0.75	25	−1	2017−3−31
11	林 _ 草	南线绿地 _ 试验	30	0.75	25	1	2016−3−30

4.2.2.4　灌溉实施状况

灌溉实施后对实施信息进行记录保存，方便后续查看，属性信息如表 4.10 所示。

表 4.10　灌溉管理属性信息

			数据 _ 灌溉管理					
SID	绿地斑块	地块分区	日期	JDay	灌溉 /mm	灌水量 /m³	斑块面积 /m²	灌溉方式
11	林 _ 草	南线绿地 _ 试验	2017−3−31	90	0	0.75	25	−1
11	林 _ 草	南线绿地 _ 试验	2016−3−30	89	30	0.75	25	1

4.2.3　应用示范

4.2.3.1　陶然亭公园绿地管理基础数据库建立

（1）数据来源

陶然亭公园绿地管理基础数据库的数据来源为 CAD 格式的公园地图和陶然亭种植图。

（2）数据提取

在 CAD 平台下，根据 CAD 图层属性，将绿地、水面、建筑铺装、道路分别进行了边线闭合和分层，形成面域，避免 CAD 导入 ArcGis 的过程中造成数据的缺失。

（3）数据校正

将陶然亭公园绿地斑块、道路系统、水系、建筑铺装等面图层和植物种植点图层信息分别导入 ArcGis，并对其进行投影坐标系统校正，最终得到陶然亭公园基础信息图（图 4.11）。陶然亭公园基础信息图包括一个面图层和一个点图层，面图层分为建筑、水面、绿地和道路 4 种斑块类型，点图层为植物种植信息。

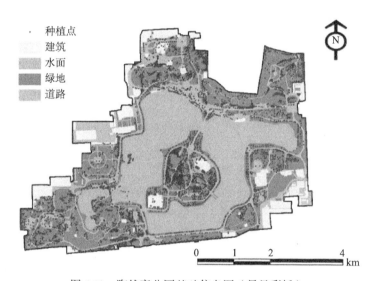

图 4.11　陶然亭公园基础信息图（另见彩插）

（4）数据库建立

在 ArcGis 平台下，建立属性表（图 4.12），对陶然亭公园基础数据进行编辑录入，包括斑块名称、编码、数量、面积等，便于陶然亭公园绿地的管理。在斑块命名上，以陶然亭公园游览示意图为参考，以各景点名称命名各个绿地斑块，并赋予独立编码，便于识别和管理。植物种植点图层与绿地斑块面图层相叠加，可以清楚地展现出各个绿地斑块范围内的树种分布情况，可以根据不同植物类型及数量的多少对该绿地斑块实施灌溉决策。

统计得到（表 4.11），陶然亭公园总面积为 55.30 hm²，斑块数量共计 326 个。其中绿地面积 23.95 hm²，占公园总面积的 43.31%；绿地斑块数量为 186 个，占公园斑块总数量的 57.06%；平均绿地斑块面积为 1287.63 m²/ 个。

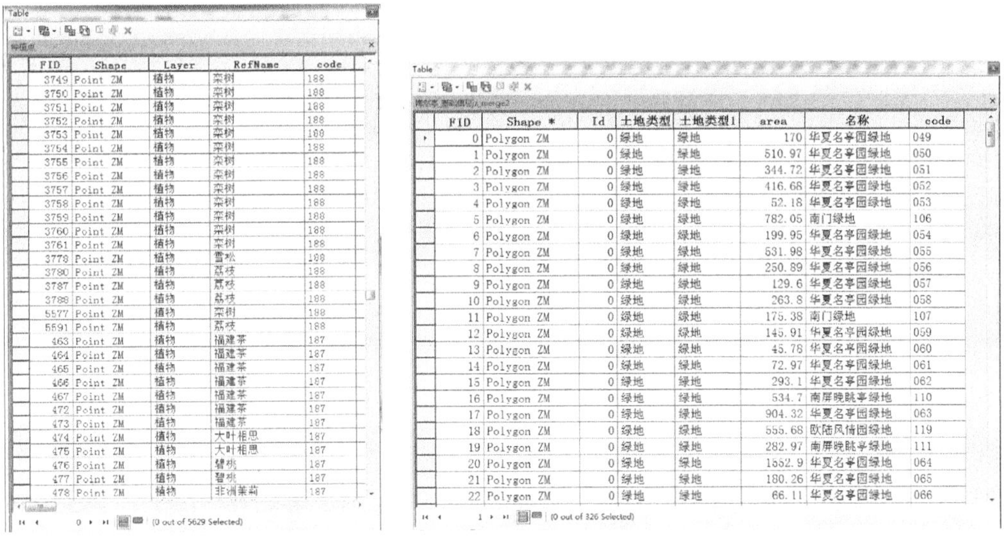

Table

FID	Shape	Layer	RefName	code
3749	Point ZM	植物	栾树	188
3750	Point ZM	植物	栾树	188
3751	Point ZM	植物	栾树	188
3752	Point ZM	植物	栾树	188
3753	Point ZM	植物	栾树	188
3754	Point ZM	植物	栾树	188
3755	Point ZM	植物	栾树	188
3756	Point ZM	植物	栾树	188
3757	Point ZM	植物	栾树	188
3758	Point ZM	植物	栾树	188
3759	Point ZM	植物	栾树	188
3760	Point ZM	植物	栾树	188
3761	Point ZM	植物	栾树	188
3778	Point ZM	植物	雪松	188
3780	Point ZM	植物	荔枝	188
3787	Point ZM	植物	荔枝	188
3788	Point ZM	植物	荔枝	188
5577	Point ZM	植物	栾树	188
5591	Point ZM	植物	荔枝	188
463	Point ZM	植物	福建茶	187
464	Point ZM	植物	福建茶	187
465	Point ZM	植物	福建茶	187
466	Point ZM	植物	福建茶	187
467	Point ZM	植物	福建茶	187
472	Point ZM	植物	福建茶	187
473	Point ZM	植物	福建茶	187
474	Point ZM	植物	大叶相思	187
475	Point ZM	植物	大叶相思	187
476	Point ZM	植物	碧桃	187
477	Point ZM	植物	碧桃	187
478	Point ZM	植物	非洲茉莉	187

(0 out of 5629 Selected)

Table

FID	Shape *	Id	土地类型	土地类型1	area	名称	code
0	Polygon ZM	0	绿地	绿地	170	华夏名亭园绿地	049
1	Polygon ZM	0	绿地	绿地	510.97	华夏名亭园绿地	050
2	Polygon ZM	0	绿地	绿地	344.72	华夏名亭园绿地	051
3	Polygon ZM	0	绿地	绿地	416.68	华夏名亭园绿地	052
4	Polygon ZM	0	绿地	绿地	52.18	华夏名亭园绿地	053
5	Polygon ZM	0	绿地	绿地	782.05	南门绿地	106
6	Polygon ZM	0	绿地	绿地	199.95	华夏名亭园绿地	054
7	Polygon ZM	0	绿地	绿地	531.98	华夏名亭园绿地	055
8	Polygon ZM	0	绿地	绿地	250.89	华夏名亭园绿地	056
9	Polygon ZM	0	绿地	绿地	129.6	华夏名亭园绿地	057
10	Polygon ZM	0	绿地	绿地	263.8	华夏名亭园绿地	058
11	Polygon ZM	0	绿地	绿地	175.38	南门绿地	107
12	Polygon ZM	0	绿地	绿地	145.91	华夏名亭园绿地	059
13	Polygon ZM	0	绿地	绿地	45.78	华夏名亭园绿地	060
14	Polygon ZM	0	绿地	绿地	72.97	华夏名亭园绿地	061
15	Polygon ZM	0	绿地	绿地	293.1	华夏名亭园绿地	062
16	Polygon ZM	0	绿地	绿地	534.7	南屏晚眺亭绿地	110
17	Polygon ZM	0	绿地	绿地	904.32	华夏名亭园绿地	063
18	Polygon ZM	0	绿地	绿地	555.68	欧陆风情园绿地	119
19	Polygon ZM	0	绿地	绿地	282.97	南屏晚眺亭绿地	111
20	Polygon ZM	0	绿地	绿地	1552.9	华夏名亭园绿地	064
21	Polygon ZM	0	绿地	绿地	180.26	华夏名亭园绿地	065
22	Polygon ZM	0	绿地	绿地	66.11	华夏名亭园绿地	066

(0 out of 326 Selected)

图 4.12　陶然亭公园基础数据库属性表

表 4.11　陶然亭公园用地类型统计

	土地类型					
	绿地	道路	硬质铺装	建筑	水面	总计
面积（hm^2）	23.95	5.89	5.33	4.67	15.47	55.30
斑块数量（个）	186	50	18	65	7	326

4.2.3.2　灌溉示范执行

"公园绿地灌溉用水决策支持系统"试运行在陶然亭公园开展。

运行的基本操作步骤为：（1）北京市园林科学研究院建立系统并完成参数设置等工作（图 4.13），根据往年气象数据生成灌溉计划表，交给陶然亭公园方面执行；（2）陶然亭公园负责小区布置与维护；每日下载气象数据，输入系统计算出新的灌溉计划表，并生成当日灌溉指令表，也即那些绿地需要灌溉以及建议灌水量；（3）陶然亭公园安排人员根据灌溉指令表实施灌溉，并将结果返回至系统，以待第二日重新更新灌溉计划表（表 4.12）。

表 4.12　公园绿地灌溉计划（每日更新）

喷灌时间（min）

日期	灌溉示范 1_对照	灌溉示范 2_试验	核桃 _ 对照	核桃 _ 试验	南线绿地 _ 对照	南线绿地 _ 试验
2017-7-14	275	385	135	135	185	185
2017-7-21	245	340	120	120	165	165
2017-7-25	260	360	130	130	170	170

喷灌时间（min）

日期	灌溉示范1_对照	灌溉示范2_试验	核桃_对照	核桃_试验	南线绿地_对照	南线绿地_试验
2017-7-31	260	365	130	130	175	175
2017-8-23	255	350	125	125	170	170
2017-8-27	250	345	125	125	165	165
2017-9-3	260	365	130	130	175	175
2017-9-12	275	385	135	135	185	185
2017-9-21	260	365	130	130	175	175
2017-9-28	255	350	125	125	170	170
2017-10-9	270	375	135	135	180	180
2017-10-19	250	350	125	125	165	165
2017-11-3	245	340	120	120	165	165

灌水量（m³）

日期	灌溉示范1_对照	灌溉示范2_试验	核桃_对照	核桃_试验	南线绿地_对照	南线绿地_试验
2017-7-14	27.93	46.55	13.96	13.96	37.24	37.24
2017-7-21	24.77	41.29	12.39	12.39	33.03	33.03
2017-7-25	26.12	43.53	13.06	13.06	34.82	34.82
2017-7-31	26.32	43.87	13.16	13.16	35.10	35.10
2017-8-23	25.53	42.56	12.77	12.77	34.04	34.04
2017-8-27	25.15	41.91	12.57	12.57	33.53	33.53
2017-9-3	26.37	43.95	13.18	13.18	35.16	35.16
2017-9-12	27.76	46.26	13.88	13.88	37.01	37.01
2017-9-21	26.39	43.98	13.19	13.19	35.18	35.18
2017-9-28	25.55	42.59	12.78	12.78	34.07	34.07
2017-10-9	27.30	45.51	13.65	13.65	36.41	36.41
2017-10-19	25.34	42.23	12.67	12.67	33.78	33.78
2017-11-3	24.77	41.29	12.39	12.39	33.03	33.03

鉴于公园获取实时气象数据存在困难，现运行模式改为由北京市园林科学研究院定时采集气象数据，生成灌溉计划表，陶然亭公园将灌溉计划表作为指令表实施灌溉，并将记录返回。

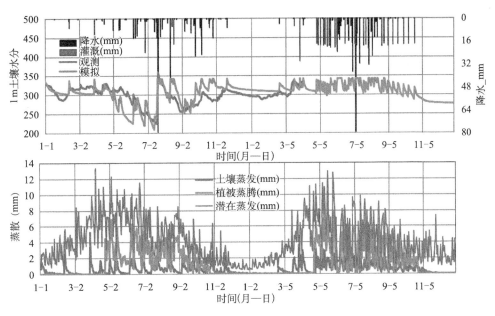

图 4.13　公园绿地土壤水分与蒸散耗水模拟（另见彩插）

4.2.4　节水效果评价

公园中工人按照实际经验操作产生的灌溉量与科学计算得到的真正需水量如表 4.13 所示，3 块示范区在实际灌溉中没有按照科学的需水量进行灌溉，而采用了少次多量的灌溉方式，7 月至 10 月的灌溉总量都超过绿地真正的需水量，如果按需灌溉，3 块示范区分别可节约 20%、44%、14% 的灌水量。

表 4.13　公园绿地灌溉经验值与实际需水量对比（m³）

日期(年/月/日)	灌溉 1_ 实际	灌溉 1_ 示范	灌溉 2_ 实际	灌溉 2_ 示范	灌溉 3_ 实际	灌溉 3_ 示范
2017/7/14	80.00	27.93	120.00	13.96	148.00	37.24
2017/7/21	0.00	24.77	0.00	12.39	0.00	33.03
2017/7/25	0.00	26.12	0.00	13.06	0.00	34.82
2017/7/31	0.00	26.32	0.00	13.16	0.00	35.10
2017/8/23	0.00	25.53	0.00	12.77	0.00	34.04
2017/8/27	0.00	25.15	0.00	12.57	0.00	33.53
2017/9/3	0.00	26.37	0.00	13.18	0.00	35.16
2017/9/12	120.00	27.76	56.00	13.88	130.00	37.01
2017/9/21	110.00	26.39	60.00	13.19	131.00	35.18
2017/9/28	82.00	25.55	46.00	12.78	80.00	34.07
2017/10/9	0.00	27.30	0.00	13.65	0.00	36.41
2017/10/19	0.00	25.34	0.00	12.67	0.00	33.78
灌溉总量	392.00	314.52	282.00	157.26	489.00	419.37
节水量		77.48		124.74		69.63
节水率（%）		20%		44%		14%

4.3 本章小结

（1）以已有国家发明专利"一种城市绿地植物—土壤水分传输分析的方法及装置"（ZL201310210137.5）为基础，形成两套方便易操作的软件系统，"绿地植物生长—土壤水分动态模拟软件"与"公园绿地灌溉用水决策支持系统"。初步实现了公园绿地按需灌溉管理模式，并选择陶然亭公园绿地作为示范区进行应用。

（2）通过软件运行可实现根据每日下载的气象数据，计算出新的灌溉计划表，并生成当日灌溉指令表，确定绿地需要灌溉区以及灌水时间。但目前鉴于公园获取实时气象数据存在困难，现运行模式改为由北京市园林科学研究院定时采集气象数据，生成灌溉计划表，陶然亭公园将灌溉计划表作为指令表实施灌溉，并将记录返回。

（3）该系统被应用在陶然亭公园绿地灌溉管理中，在全年主要灌溉期内，可以节约用水 26.1%。

5

北京地区绿地雨水蓄渗利用技术设计规范

5.1 目标与原则

5.1.1 目标

《北京市建成区绿地雨水蓄渗利用技术设计规范》的制定，旨在为建设生态雨洪利用设施提供指导，使北京市雨水控制和利用工程做到技术先进、结构合理、系统有效、安全可靠，以实现雨水资源有效管理，减轻城市洪涝，充分发挥园林绿地雨水蓄渗设施的重要潜能。以削减径流排水、防治内涝、雨水的资源化利用及改善城市生态环境为目的，兼顾城市防灾需求。

5.1.2 原则

雨水蓄渗利用设计应根据本地水文地质特点、降雨规律、施工条件以及养护管理等因素综合考虑确定控制目标及指标，科学规划布局和选用雨水蓄渗设施和技术，要注重节能环保和工程效益。雨水蓄渗利用技术应在不断总结科研和生产实践经验的基础上，积极采用广泛应用的、行之有效的新技术、新方法、新材料和新设备。

5.2 方案阶段

5.2.1 城市绿地中雨水蓄渗利用设施应用

根据《海绵城市建设技术指南——低影响开发雨水系统构建》（城建函〔2014〕275 号），低影响开发是指在场地开发过程中采用源头、分散式措施维持场地开发前的水文特征，合适是维持场地开发前后水文特征不变。年径流总量控制是低影响开发雨水系统构建的首要目标，在各类开发建设活动中，应遵循低影响开发理念，明确年径流总量控制目标。

参照《国务院办公厅关于推进海绵城市建设的指导意见》（国办发〔2015〕75号）"将 70% 的降雨就地消纳和利用"的海绵城市工作要求，将年径流总量控制率作为海绵城市建设核心，作为"强制性指标"予以执行；下沉式绿地率、透水铺装率和绿色屋顶率，引导源头、分散式的低影响开发建设，应作为"引导性指标"予以执行。

（1）公园绿地

①公园绿地的雨水蓄渗利用系统应保证建成区内绿地开发后不大于开发前，径流总量控制率≥90%。在公园绿地与城市水系相邻接时，超量雨水经过园林绿地延长径流历时后，可错峰排入城市水系。

②公园绿地的雨水蓄渗利用系统在条件允许且需要时，可适度接纳客水。

③暴雨时，城市行洪河道及排水管网面临巨大压力，位于城市区域性低点的公园绿地可起到削峰调蓄的作用，以保护城市、区域安全。处于城市区域性低点的公园绿地，应针对暴雨采取相应的峰值消减措施，但必须设置排放设施，暴雨情况下应以调蓄排放为主。

（2）防护绿地

此类绿地雨水污染系数较高，需要设置过滤设施，并且对管理养护的要求会更高，需要兼顾旱季和雨季的景观效果及功能。

（3）广场绿地

此类绿地有人活动量较大，铺装面积较大，除了在绿地中消纳雨水外，可结合地下集雨设施收集铺装上的地表径流，超量雨水再排入市政雨水管道。

（4）附属绿地

附属绿地中的道路绿地分车带绿地，应设计为立道牙，不接纳道路雨水径流。路侧绿地可适当考虑接纳客水、削峰滞洪。客水来源包括铺装场地径流及建筑径流等，具体消纳量根据绿地的条件进行计算确定。

除道路绿地外的其他附属绿地按照《建筑与小区雨水利用工程技术规范》（GB 50400—2016）以及《雨水控制与利用工程设计规范》（DB11/685—2013）、《城市附属绿地设计规范》（DB11/T 1100—2014）为依据，本指南不再赘述。

5.2.2　城市绿地雨水蓄渗利用类型

城市绿地是海绵城市建设的重要载体之一，是雨水径流得以有效控制的重要途径。不同类型的城市绿地各自承载相应的功能，雨水渗蓄利用设施应根据绿地的功能倾向和条件，因地制宜，选取合适的设施类型来布置应用。

根据 2017 年住建部最新修订的《城市绿地分类标准》（CJJ/T85—2017），将城市绿地分为 5 个大类，分别为公园绿地、防护绿地、广场绿地、附属绿地及区域绿地（表 5.1）。

表 5.1 城市绿地雨水蓄渗利用设施类型分类表

绿地类型		是否接受客水	蓄渗设施类型		
			入渗设施	传输设施	滞蓄设施
G1 公园绿地	综合性公园	否	下沉式绿地、透水铺装	植草沟、植被缓冲带	生物滞留设施、调节塘、渗透塘
	社区公园	是			
	专类公园	否			
	游园	是			
G2 防护绿地	防护绿地	是	透水铺装	植草沟	生物滞留设施、雨水湿地、渗透塘
G3 广场绿地	广场绿地	否	下沉式绿地、透水铺装	植草沟、渗管/渠	雨水湿地、渗透塘、生物滞留设施、景观水体
XG 附属绿地	居住用地附属绿地	是	下沉式绿地、透水铺装	植草沟、植被缓冲带、渗管/渠	渗透塘、生物滞留设施、景观水体、雨水湿地
	公共管理与公共服务设施用地附属绿地	是			
	商业服务业设施用地附属绿地	是			
	工业用地附属绿地	是			
	物流仓储用地附属绿地	是			
	道路与交通设施用地附属绿地	是			
	公用设施用地附属绿地	是			
EG 附属绿地	风景游憩绿地	是	—	—	—
	生态保育绿地	否			
	区域设施防护绿地	是			
	生产绿地	否			

5.3 设计流程

海绵城市园林景观设计一般分为方案设计、初步设计及施工图设计三阶段。现就上述三阶段设计深度作出规定，供参考。

5.3.1 方案阶段

①方案文本编写（图 5.1）。

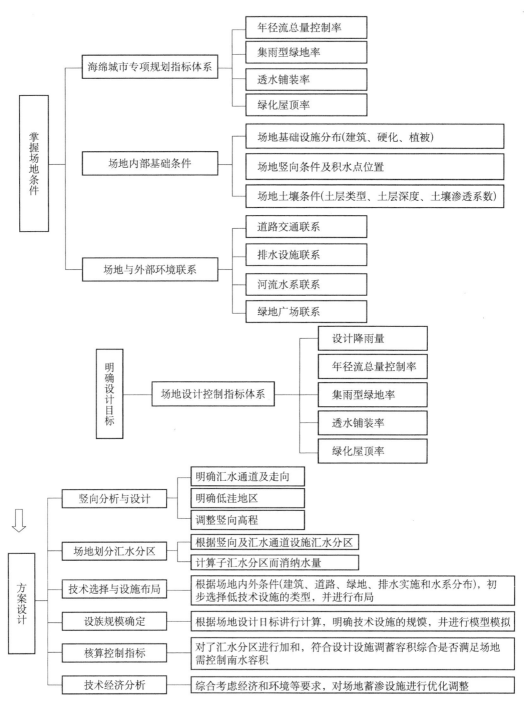

图 5.1 方案文本编写流程示意图

②提供能源利用及与相关专业之间的衔接。

③据以编制工程估算。

④提供申报有关部门审批的必要文件。

5.3.2　初设阶段

初步设计文件包括设计说明及图纸，其内容及编制深度达到《园林设计文件内容及深度》（DB11/T 335—2006）相关要求。

①满足编制施工图设计文件的需要。

②解决各专业的技术要求，协调与相关专业之间的关系。

③能据以编制工程概算。

④提供申报有关部门审批的必要文件。

5.3.3　施工图阶段

施工图设计文件包括设计说明及图纸，其内容及编制深度达到《园林设计文件内容及深度》（DB11/T 335—2006）相关要求。

①满足施工安装及植物种植需要。

②满足设备材料采购、非标准设备制作和施工需要。

③能据以编制工程预算。

5.4　本章小结

为建设生态雨洪利用设施提供指导，使北京市雨水控制和利用工程做到技术先进、结构合理、系统有效、安全可靠，以实现雨水资源有效管理，减轻城市洪涝，充分发挥园林绿地雨水蓄渗设施的重要潜能。依据研究成果与工程实践经验，编制《北京市建成区绿地雨水蓄渗利用技术设计规范》。

规范对绿地以削减径流排水、防治内涝、雨水的资源化利用及改善城市生态环境为目的，兼顾城市防灾需求。列举了下沉式绿地、生物滞留设施、绿色屋顶、渗透塘、渗井、透水铺装6项适合北京地区的增加绿地雨水渗透能力的工程措施，对各项措施适宜推广的区域、工程做法、滞留时间、适用植物等进行了详细说明。为课题提出海绵城市绿地建设技术体系提供科学依据。

6

示范区建设与评价

北京市望和公园雨水花园对雨水径流削减净化功能评价研究

集雨型绿地通过各种技术和设施，在一定降雨量内，能消纳绿地产生的雨水径流，还可以接收绿地范围以外的一定量雨水，在削减洪峰流量和削减径流污染物等方面发挥着重要作用。当前的"集雨型绿地"的主要技术措施包括：透水地面、渗透井、渗水边沟、坡地蓄水沟、绿地地下雨水收集管网、雨水湿地花园、雨旱两宜型雨水池、下凹式绿地、小型雨水截留坑和大型雨水蓄坑池。其中雨水花园是指绿地中具有一定渗透结构的低洼地，利用土壤和植物来管理和控制城市的雨水径流，减少雨洪灾害和径流污染的同时又能补给地下水。

目前，部分学者对集雨型城市绿地削减洪峰流量的效果开展了研究，对下凹式绿地蓄渗能力及其影响因素进行了分析。还有部分学者对传统城市绿地雨水径流中含有的污染物成分、含量和影响因素等方面展开研究。对厦门和澳门城市绿地开展了降雨径流监测，研究了城市绿地降雨径流污染特征。国内对集雨型绿地削减降雨径流污染的研究起步较晚，且已有报道多为室内模式试验，大多数研究仅限于对下凹式绿地的模拟试验，但对于其他类型的集雨型城市绿地，尤其是对自然状态下的集雨型绿地截留去除雨水径流中污染物的净化效果少有研究。本研究选择以雨水花园为主要措施的集雨型城市绿地——北京市望和公园作为研究对象，开展降雨径流监测，研究集雨型城市绿地和路面径流两种不同下垫面降雨径流污染特征，进行差异对比分析，得出集雨型城市绿地对雨水径流污染物的净化效果。

6.1.1 研究区域介绍

北京市望和公园南园为北京市集雨型绿地示范点之一，是北京市唯一雨水不外排的公园，南园设计为以户外运动为特色的区域性综合公园，占地面积约为 22.5 hm²，周边用地类型以绿地为主，雨水设施容量按照能容纳两年一遇的雨水标准进行设计。在设计中，根据基本场地条件，采用透水铺装、渗透池、渗井、渗排水沟、雨水花园等多种雨水利用设施形式。

6.1.2 试验设计与观测方法

6.1.2.1 采样点的选择

设置公园绿地集中排水口采样点作为监测点，公园内铺装路面产生的地表径流采样点作为对照点，所选择的采样点所对应的汇水分区分别代表了望和公园雨水花园和铺装路面的主要汇水分区。

6.1.2.2　样品采集

根据北京市的降雨特点，试验选择在 7—9 月降雨集中期内完成，3 次采样时间分别是 2017 年 8 月 16 日、2017 年 8 月 18 日及 2017 年 9 月 10 日，见表 6.1。对照点和监测点采用雨量筒人工采集水样，采集的水样数量根据降雨与径流持续时间而定。采样频率采用"前密后疏"的方式，自产流起的 20 min 内，以 10 min 为间隔采样，后期 30 min 为间隔采样。每次采样量 500 mL。

表 6.1　试验期间降雨的基本特征

日期 /（年 / 月 / 日）	降雨量 /mm	降雨历时 /min	降雨等级
2017/08/16	9.9	136	小雨
2017/08/18	28.2	120	大雨
2017/09/10	9.9	40	小雨

注：24 h 内，降雨量在 0.1～9.9 mm 为小雨；降雨量在 10～24.9 mm 为中雨；降雨量在 25.0～49.9 mm 为大雨；降雨量在 50.0～99.9 mm 为暴雨；降雨量在 100.0～249.9 mm 为大暴雨；降雨量≥250.0 mm 为特大暴雨。

6.1.2.3　测定指标及方法

测定指标：总氮（TN）、氨氮（NH_3-N）、总磷（TP）、化学需氧量（COD）。所有水质指标均按照国家水质分析标准进行保存和测定。测定方法见表 6.2。

表 6.2　水质参数测定方法

水质参数	试验方法	仪器	检测时间	方法来源
TN	分光光度法	Spectroquant® Prove 100	24h	HJ 636—2012
TP	分光光度法	Spectroquant® Prove 100	24h	GB 11893—89
TP	分光光度法	Spectroquant® Prove 100	24h	GB 11893—89
NH_3–N	分光光度法	Spectroquant® Prove 100	24h	EPA350.1/ISO 7150/1
COD	分光光度法	Spectroquant® Prove 100	24h	USEPA410.4/ISO 15705

6.1.2.4　数据处理与分析

采用文献方法对数据进行分析，选取的指标及场次降雨污染物平均浓度（E_{MC}），计算公式如下：

$$E_{MC} = \frac{\sum_{j=1}^{n} C_j V_j}{\sum_{j=1}^{n} V_j} \tag{6.1}$$

式中：C_j 为第 j 时间所测得污染物的浓度（mg / L）；V_j 为第 j 时间段的径流量（m^3）；通常根据两个样本采集时间间隔的中间值（平均分割法）划分流量区间；n 为时间分段数。

径流量 V：

$$V = \alpha p S \tag{6.2}$$

式中：α 为径流系数；p 为降雨量（mm）；S 为汇水面积（m^2）。

污染物去除率：

$$R = \frac{C_i - C_o}{C_i} \times 100\% \tag{6.3}$$

式中：R 为污染物去除比；C_i 为对照点污染物平均浓度（mg / L）；C_o 为监测点污染物平均浓度（mg / L）。

6.1.3 研究结果

6.1.3.1 降雨–径流过程与污染物浓度历时变化

对 2017 年降雨历时最长的一次降雨过程数据进行分析（图 6.1、图 6.2、图 6.3），绿地降雨径流中污染物浓度 TN、TP、NH_3-N 和 COD 最大峰值分别滞后于径流量最大峰值 10 min、10 min、100 min、10 min。相反，对照点污染物浓度的峰值出现在降雨初期，各污染物浓度峰值的出现早于径流量峰值，TN、TP、和 COD 最大峰值都提前于径流量最大峰值 10 min。绿地中降雨径流污染物 TN 和 NH_3-N 的瞬时浓度明显低于对照点，绿地中 TN 的浓度变化随径流呈波动性变化，对照点 TN 和 NH_3-N 的浓度变化呈总体下降趋势，绿地中降雨径流污染物 TP 的瞬时浓度明显高于对照点，TP 的浓度变化相对较平稳。

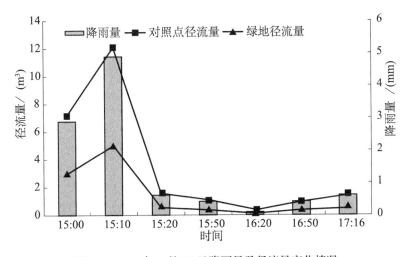

图 6.1　2017 年 8 月 16 日降雨量及径流量变化情况

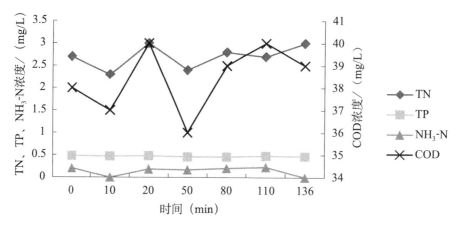

图 6.2　2017 年 8 月 16 日绿地降雨径流污染物浓度历时变化曲线

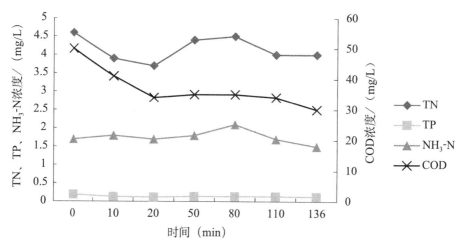

图 6.3　2017 年 8 月 16 日对照点降雨径流污染物浓度历时变化曲线

6.1.3.2　城市绿地径流污染水平

3 场降雨径流中 TN 范围在 2.1 ～ 6.2 mg/L，EMC 在 2.53 ～ 5.97 mg/L，TP 范围在 0.11 ～ 0.75 mg/L，EMC 在 0.14 ～ 0.47 mg/L，NH_3-N 范围在 0 ～ 1.33 mg/L，EMC 在 0.09 ～ 1.29 mg/L，COD 范围在 15 ～ 40 mg/L，EMC 在 15 ～ 40 mg/L，其 EMC 平均值分别为 4.1 mg/L、0.33 mg/L、0.69 mg/L、1.91 mg/L、28.78 mg/L，如表 6.3 所示。

研究表明，3 场降雨中，通过绿地对降雨径流中污染物 NH_3-N 的滞留作用，其出水浓度均达到了国家Ⅳ类地表水水质标准，其中在 8 月 16 日历时 136 min 小雨降雨过程中，绿地 NH_3-N 的出水浓度达到了国家Ⅲ类地表水水质标准，但其污染同样不容忽视，通过望和公园绿地降雨径流监测研究来看，3 次降雨事件中 TN 的 EMC 均超过了国家Ⅴ类地表水环境质量标准。

表 6.3　2017 年 3 场次降雨径流水质指标情况

采样日期	样品数（个）	项目	TN		TP		NH₃-N		COD	
			绿地采样点	对照点	绿地采样点	对照点	绿地采样点	对照点	绿地采样点	对照点
8月16日	14	范围（mg/L）	2.3～3.0	3.7～4.6	0.46～0.48	0.12～0.19	0.0～0.23	1.5～2.1	36.0～40.0	30.0～50.0
		均值（mg/L）	2.70	4.16	0.47	0.14	0.14	1.76	38.43	37.00
		EMC（mg/L）	2.53	4.13	0.47	0.15	0.09	1.75	37.69	41.96
		标准差	0.271	0.341	0.009	0.023	0.098	0.181	1.512	6.583
8月18日	12	范围（mg/L）	2.1～5.5	1.8～5.5	0.11～0.75	0.08～0.63	0.227～1.168	0.4～2.5	21.0～28.0	11.0～26.0
		均值（mg/L）	3.40	3.02	0.46	0.34	0.66	0.99	25.00	19.67
		EMC（mg/L）	3.79	3.83	0.38	0.25	0.69	1.46	24.85	22.14
		标准差	1.500	1.340	0.230	0.210	0.410	0.810	2.370	5.050
9月10日	6	范围（mg/L）	5.0～6.2	7.1～7.8	0.12～0.15	0.11～0.15	1.17～1.33	0.0～3.0	15.0～26.0	31.0～43.0
		均值（mg/L）	5.50	7.40	0.46	0.34	1.23	1.00	21.00	38.00
		EMC（mg/L）	5.97	7.18	0.14	0.13	1.29	2.29	23.80	33.32
		标准差	0.624	0.361	0.017	0.020	0.086	1.732	5.568	6.245

注：国 V 类地表水水质标准为 TN ≤ 2mg/L，TP ≤ 0.4mg/L，NH₃-N ≤ 2mg/L，COD ≤ 40mg/L。

6.1.3.3　集雨型城市绿地对雨水径流中污染物削减效果

试验证明，除了 TP，集雨型城市绿地对雨水径流中的污染物有很好的滞留效果，在 3 场次降雨中，集雨型绿地对 TN、NH₃-N 和 COD 的平均消减率分别为 18.88%、63.75% 和 8.83%。其中，集雨型绿地对 NH₃-N 的消减作用尤为明显，最高达到了 94.86%。这与陈祎璠（2014）研究下凹式绿地试验装置对模拟城市降雨径流中的结果一致。对 TP 没有消减作用，反而污染物浓度要高出对照点 2 倍左右，这可能与土壤中 TP 随着降雨径流进入绿地而被淋溶出来有关。对 COD 的消减作用表现一般，消减率在 10.18%～28.57%，对 TN 的消减随着降雨强度的不同而有所变化，消减率在 1.04%～38.74%，具体详见图 6.4。总体来看，在小雨降雨条件下，集雨型绿地对各污染物的消减比在大雨降雨条件下的消减作用更为明显，这也与陈祎璠研究下凹式绿地试验装置对模拟城市降雨径流时得出的结果类似。

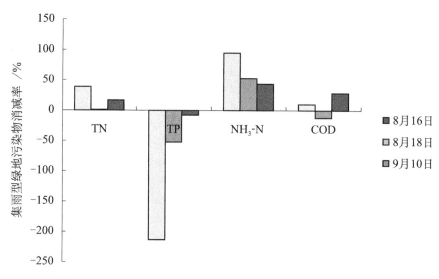

图 6.4　2017 年 3 次降雨集雨型绿地对雨水径流中污染物消减率

6.1.4　小结

从污染物浓度历时变化来看，绿地降雨径流污染物浓度峰值的出现滞后于径流量峰值，这与赵建伟等（2006）武汉动物园降雨径流研究结果类似，主要是因为绿地中污染物保持力比非透水地面更大，这也说明了透水区地面降雨径流污染排放相对缓慢，排放时间较长。相反，对照点污染物浓度的峰值出现在降雨初期，各污染物浓度峰值的出现早于径流量峰值，这与黄金良等（2006）研究澳门城市小流域地表径流污染时的结果类似。

集雨型城市绿地降雨径流的主要污染物为 TN、TP、NH₃-N 和 COD，其 EMC 平均值分别为 4.1 mg/L、0.33 mg/L、0.69 mg/L、28.78 mg/L。在 3 场次降雨中，集雨型城市绿地对 TN、NH₃-N 和 COD 的平均消减率分别为 18.88%、63.75% 和 8.83%。通过其对降雨径流中污染物 NH₃-N 的滞留作用，其出水浓度达到了国家三类地表水水质标准。主要是由于雨水花园通过反硝化作用和植物吸收增强了对 N 的去除，其构造系统的低渗透率和长期排水时间也有利于提高污染物 NH₃-N 的去除效率，可见集雨型绿地净化、滞留作用的发挥与雨水花园内部构造也紧密相关。但 TN 浓度超过了国家 V 类地表水水质标准，其污染不容忽视。受降雨强度、降雨量、降雨频次、汇水区域内主要污染源以及随机污染事件等因素影响，进入集雨型城市绿地的不同场次降雨径流污染物 EMC 会有一定的波动。受现场试验条件限制，本研究对集雨型绿地削减降雨径流污染的研究尚处于起步阶段，为有效减少降雨径流污染，改善城市水体水质，针对不同植物种类和土壤类型的集雨型绿地对城市不同功能区降雨径流污染的削减研究以及不同类型集雨型城市绿地净化污染物的作用还需进一步持续研究与关注。

6.2 迁安市颐景园海绵城市改造效果模型评估

6.2.1 项目概况

6.2.1.1 设计目标

本项目名称为迁安市颐景园。颐景园西临怡秀园小区，东接阜安大路，北临金水豪庭小区与安顺家园小区，南接黄台山公园。项目周边以公园绿地、城市河道、住宅小区为主，为现状居住区雨水综合利用改造项目。设计范围总面积约 113200 m（因项目与市政道路联系紧密，设计范围由地块红线扩张至市政车行路以内，包括市政人行路及绿化带）。项目建设用地面积 113000 m²，建筑面积、绿地面积、道路用地面积分别约为 24385 m²、40852 m²、45540 m²。

根据《迁安市 2015—2017 年海绵城市建设雨水综合利用工程（政府出资建筑与小区类）可行性研究报告》，结合迁安市降雨、下垫面及水文等特征和开发建设现状，确定迁安市颐景园小区年径流总量控制率目标为 83%，对应设计降雨量为 39.1mm。

6.2.1.2 汇水分区分析

根据项目海绵城市建设施工图设计资料，颐景园采用的技术措施主要有盖板式渗水沟、下沉式绿地等（图 6.5）。本项目根据市政雨水排水口及竖向设计，将项目分为 8 个汇水分区。第五、六、七、八汇水分区属于公园绿地，第一、二、三、四汇水分区属于建筑与小区。各个分区低影响开发设施如下。

第一汇水分区面积为 14753.9 m²，分区内雨水滞蓄容积为 0 m²。第二汇水分区面积为 25466.6 m²，分区内雨水滞蓄容积为 425.96 m²。第三汇水分区面积为 22681 m²，分区内雨水滞蓄容积为 221.07 m²。第四汇水分区面积为 18393.3 m²，分区内雨水滞蓄容积为 248.22 m²。第五汇水分区面积为 9266 m²，分区内雨水滞蓄容积为 191.59 m²。第六汇水分区面积为 10701.5 m²，分区内雨水滞蓄容积为 36.24 m²。第七汇水分区面积为 5508.1 m²，分区内雨水滞蓄容积为 0 m²。第八汇水分区面积为 6353.2 m²，分区内雨水滞蓄容积为 173.81 m²。

第一汇水分区不具备建设 LID 设施条件，根据现状竖向条件，第一汇水分区雨水流向第二汇水分区、第八汇水分区实土绿化区域内的 LID 设施消纳。

第二汇水分区雨水依靠本区实土绿化区域内的 LID 设施消纳。第二汇水分区在可控制本区自身的径流量基础上，并承担接纳第一汇水分区、第四汇水分区雨水径流，实现空间上海绵设施蓄水容积的调配。

第三汇水分区以宅间为单位，宅间自成系统控制自身径流量。

第四汇水分区依靠位于停车位间的带状绿地内的 LID 设施控制本区产生的雨水径流。部分径流需流入第二汇水分区进行消纳。

第五汇水分区市政路旁建设盖板式渗水沟控制本区的径流量。

第六汇水分区径流量流入本区现状下沉式绿地消纳。

第七汇水分区不具备建设 LID 设施条件，根据实际情况，维持现状排水方式不变。

第八汇水分区绿地内建设 LID 设施，控制一区流入的径流量。

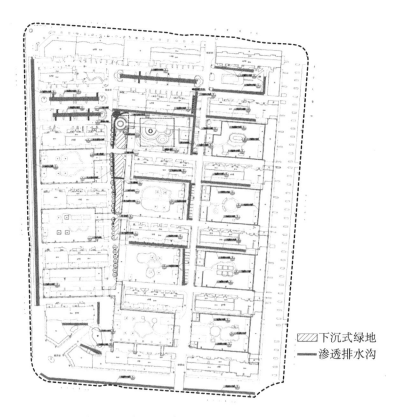

图 6.5　颐景园海绵设施分布图（另见彩插）

6.2.1.3　下垫面分析

颐景园下垫面可划分为建筑、机动车道、人行道、公共绿地、水域 5 种类型，现状下垫面主要以屋顶、道路铺装、绿地为主，分别占总面积的 21.58%、40.30%、

36.15%（表 6.4）。

表 6.4　颐景园下垫面解析一览表

	下垫面类型						
	屋顶	人行道	机动车道	公共绿地	水域	广场	总计
面积 /m²	24385	31133	14407	40852	380	1843	113000
面积比例 /%	21.58	27.55	12.75	36.15	0.34	1.63	100.00

6.2.2　模型构建

6.2.2.1　年径流总量控制率评估方法

为了考核该低影响开发设计方案能否满足设计年径流总量空置率的要求，通过两种模拟方法考核。

（1）方法一

采用典型年连续降雨数据（时间步长为 10 min），进行长系列模拟，计算整体径流产生量，并进一步计算年平均径流控制率，与考核要求进行对比。

该方法的优点是能较为准确地模拟评估建设项目是否满足海绵城市建设目标，符合指南规定，缺点是对降雨数据要求较高。

（2）方法二

模拟总降雨大于或等于设计控制降雨量，降雨历时分别为 30 min、60 min、120 min、180 min 的单场降雨，根据下式计算实际的控制降雨量（$H_{控}$），与设计控制降雨量进行对比，大于或等于设计降雨量则满足设计目标，反之则不满足。

$$H_{控} = \frac{H_{降} \times A_{汇} - W_{排}}{A_{汇}} \tag{6.4}$$

式中，$A_{汇}$ 是汇水区面积（m²），$W_{排}$ 是雨水外排量（m³）。

该方法的优点是通过设计降雨简单的模拟评估建设项目是否满足海绵城市建设目标，缺点是无法体现降雨、蒸发等连续性过程的水文效应。

本研究在获得满足降雨精度要求的基础上，采用典型年降雨时间序列（逐分钟）建立水文模型，分析评估场地的年径流总量控制率目标。

6.2.2.2　模型概化

采用 EPA-SWMM 模型进行模拟计算。颐景园构建水力模型，建模面积约 11.30 hm²，水力模型中，共概化节点 88 个、出水（溢流口）33 个、子汇水区 711 个、管渠 86 段、节点 81 个。

6.2.2.3 模型参数

模型需确定的主要参数为水文水力参数和 LID 参数两类，水文水力参数可分为确定性参数和不确定性参数两类，确定性参数可以通过相关资料直接获取，不确定性参数需要根据模型手册给出的参数典型值范围而设定。

SWMM 模型水文参数主要包括降雨量、蒸发量等气候参数，以及子汇水面积、不透水率、汇水宽度、坡度、曼宁粗糙系数、地表洼蓄量和入渗参数等汇水区参数。水力参数主要是排水管网特征参数，可通过管网资料较为准确地获取。

（1）蒸发量

模型中蒸发量的设定方式包括恒定值（外部输入蒸发量数值）、通过时间序列计算日蒸发量和外部输入的降雨数据中的温度计算蒸发量。本设计采用外部直接输入恒定值的方式，按区域的月平均蒸发数据设定，经计算蒸发量输入值见表 6.5 所示。

表 6.5 研究区域各月平均蒸发量

	月份											
	1	2	3	4	5	6	7	8	9	10	11	12
蒸发量（mm/d）	3.36	3.54	3.96	4.73	5.51	5.72	5.64	5.51	5.97	6.21	5.52	4.31

（2）子汇水区域参数

每个子汇水区需要输入的参数有：子汇水面积（Area）、汇水宽度（Width）、不透水率（Imperv）、坡度（Slope）、透水区域和不透水区域汇流的曼宁系数（N-imperv 和 N-perv）、透水地表和不透水地表的洼地蓄水量（Des-imperv 和 Des-perv）、无洼蓄不透水面积率（ Zero-Imperv）以及透水地表的入渗模型。子汇水区入渗模型采用 Horton 渗透模型，主要参数包括最大入渗量（Max.Infil）、最小入渗量（Min.Infil）、衰减常数（Decay Constant）和排干时间（Drying Time），PP 模块组合水池采用 Green-Ampts 渗透模型，主要参数包括吸入水头（Suction Head）、导水率（Conductivity）、初始亏损（Initial Deficit）。其中，子汇水面积、汇水宽度、不透水率和坡度直接根据研究区域基础数据通过 ArcGIS 直接计算获取，曼宁系数、地表洼蓄量和入渗模型参数根据土工试验、地质勘察结果和模型手册中的典型值来确定参数值，具体参数见表 6.6。

表 6.6　子汇水区水文参数值

曼宁粗糙系数		地表洼蓄量参数		
N-imperv	N-perv	Des-imperv/mm	Des-perv/mm	Zero-Imperv/%
0.013	0.24	1.27	3.81	0

Horton 渗透模型			
Max.Infil/（mm/h）	Min.Infil/（mm/h）	Decay Constant/h^{-1}	Drying Time/d
80	4	4.14	7

（3）水力参数

水力参数主要是排水管网特性参数，包括管道曼宁系数、管道属性参数和节点属性参数。区域内的雨水管渠既有圆管又有明渠，管渠属性直接根据管网设计资料取值，管长和渠长由模型自动测量工具获取，管渠的曼宁系数根据手册经验值取得为 0.013，另外，区域内的检查井节点属性直接由管网设计资料取得。

6.2.3　模型评估结果

采用典型年连续逐分钟降雨数据进行模型模拟，区域系统结果如表 6.7 所示，可以看出，在典型年连续降雨模型下的径流总量控制率约为 84.63%，大于 83% 年径流总量控制率标准。

表 6.7　典型年连续降雨模拟结果

降雨类型	总降雨量/mm	蒸发量/mm	入渗量/mm	总外排量/mm	排水口外排/流量 mm	年径流总量/控制率 %
典型年连续逐分钟降雨	698.280	163.491	343.161	184.286	12156	84.63

目前，因模型缺乏对参数率定，且施工图设计资料中缺少场地内详细的排水管网设计资料，因而所建模型仍为理想型模型，模型结果仅能对方案进行初步评估，下一步应从系统角度细化场地排水管线资料的基础上，进一步深化模型，使所建模型能更好地反映海绵方案的运行工况，更好地评估项目年径流总量控制率。

通过评估，建议充分利用场地的公共绿地，将集中于场地中间的下沉式绿地设计方案改为分散型设计，便于场地的雨水能分散进入下沉式绿地进行滞蓄消纳；建议场地建筑室外雨水立管采用雨水管短接方式，并在短接下方设置防冲刷设施，将屋面雨水有限引入生物滞留设施（下沉式绿地）；在雨水口改造过程中，应结合竖向，将雨水口设置于绿化带中，对道路路牙石进行开孔设计，并采用导水措施将路面雨水径流引入绿地进行滞蓄净化；建议对于无法将路面（特别是机动车道）雨水引入周边绿地进行滞蓄净化时，应采用具备污染物削减功能的环保型雨水口；项目设计方案中采用渗透性排水渠，应在暴雨前期进行预排空处置（利用），以腾置出更多调蓄容积收集雨水径流。

6.3　北京市园林科学研究院雨水花园示范工程

6.3.1　北京地区雨水花园调研情况

6.3.1.1　北京地区雨水利用发展历程

北京市的雨水利用历史悠久，从元代开始大体经历了 3 个发展阶段。但真正意义上的城市雨水利用开始于 20 世纪 80 年代，直到 20 世纪 90 年代初，才开展了雨水利用课题的研究，对屋顶—渗井系统和草坪拦蓄雨洪的效果进行了一系列的初步研究，提出了北京城区的雨洪利用对策和技术。1996 年，开始在天秀小区进行了雨水利用示范工程建设，并逐渐推广至 2008 年奥运工程并得到广泛实施，在近 20 年的发展历程中，积累了丰富的经验。截至 2011 年年底，北京地区雨水利用工程建设数量高达 688 项，已建成的景观水体及雨水收集池的蓄水能力达到 303 万 m^3/a，下凹式绿地面积达到 280 万 m^2，共建设透水铺装 315 万 m^2，全市每年的综合雨水利用量达到 1318 万 m^3。目前，北京地区已具备了理论基础和工程经验，初步建成了由屋面—绿地—硬化地面—排水管网—河网水系组成的雨水综合利用体系。低影响开发（LID）等先进的国际理念也融入进了一些技术措施，雨水利用技术逐步生态化和景观化。

6.3.1.2　调研概况

2016 年 4—11 月，对北京地区绿地雨水利用情况进行调研，并对其中雨水景观进行记录、分析、比较，采用 SBE 分析法进行比较分析，包括望和公园、北小河公园、大望京公园、望京 SOHO 商业景观、清华胜因院、中关村生命科学园、营城建都滨水公园等 16 个相关区域。其中近 10 年内修建的、绿地有较为系统的雨水收集理念、设施及配套的景观设计及一些科技园区由于建设年代较远，占地面积较大，面临结合雨水利用的相关改造。

为了更加深层次地了解北方地区雨水花园在雨洪管控和景观性等方面的实际效果，以北京地区为例，实地调研已建成的雨水花园或者相关雨水管控场地，如清华大学胜因院雨水花园、北京交通大学雨水花园、阿普贝思雨水花园、奥林匹克森林公园、望和公园北园、北小河公园、中关村生命科学园、中关村环保园、中央电视塔、金中都公园、望京SOHO、顺义东方太阳城等。实地调研如图6.6所示，调研统计如表6.8所示。

图 6.6 实地调研图（一）

表 6.8 实地调研统计表

调研场地	面积	分布情况						景观美感
		道路	街旁	建筑周边	小区	公园	停车场	
清华大学胜因院雨水花园	100～200 m² 6个	√		√				好
北京交通大学雨水花园	4000 m²	√		√				好
阿普贝思雨水花园	170 m²	√		√				好
奥森公园	380 hm²					√		好
望和公园北园	16.1 hm²					√		较好
北小河公园	28 hm²					√		较好
中关村生命科学园	35 hm²					√		较好
中关村环保园	45.5 hm²					√		较好
中央电视塔	900 m²		√			√		好
金中都公园	3.1 hm²		√			√		好
望京 SOHO	7.4 hm²			√			√	好
东方太阳城	111 hm²	√		√	√		√	较好

注：景观美感判断标准为植物种类、色彩、长势、景观小品运用、与周边环境协调程度等。

6.3.1.3 调研结果初步分析

通过调研，近几年雨水花园以展示、示范类为主要方向，景观更为丰富，注重系统性结合管网设施，过渡型雨水花园以改造、提升为主要方向，侧重雨水排放减少污染降低径流，探索型雨水花园主要以地下隐蔽工程设施为主，注重雨水排放、收集。

（1）主要存在的问题

①植被现状。因雨水的冲刷加上后期维护的不及时，多处地区出现了水土流失的状况，且设施中垃圾清理不及时，不仅影响环境还阻碍雨水设施功能的发挥。植物配置较单一，景观层次少，没有和周围环境完美协调（图6.7）。

图 6.7　实地调研图（二）

②地形边界处理。奥森公园、中关村环保园，在地形边界的过渡上普遍突兀僵硬，没有处理好地形空间的过渡，景观效果不佳（图6.8）。

图 6.8　实地调研图（三）

③铺装。在铺装的设计总体情况相对较好，但铺装形势和色彩较为单一，没有形成良好的景观氛围（图6.9）。

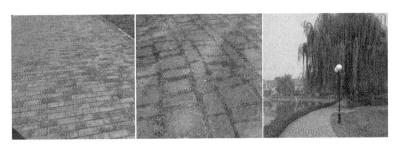

图 6.9　实地调研图（四）

④景观节点。部分雨水设施中普遍对雨水口的处理较粗糙，使用材料粗犷，形式简单，和周边环境极不搭调。虽然雨水利用设施对周围的雨水问题起到了积极的调节作用，但在后期的维护和周围景观环境的协调上存在一定的问题（图 6.10）。

图 6.10　实地调研图（五）

此外，工业园区以亦庄科技园为例，位于北京经济技术开发区内。毗邻京津塘高速公路起点处，这里主要集聚了国内外许多电子信息技术和生物制药技术的研发企业。该园区由于开发建设较早，在雨水利用和景观设计方面也存在不足。

（2）雨水利用方面

①雨水的排放。建筑物的落水管可以结合雨水花园来设计。雨水算子设计为围绕场地一周，这样虽可以快速排放雨水，但雨水中夹杂着的企业生产过程中产生的重金属等污染物也被直接排入到了排水管网中，加重了水体的污染（图 6.11）。

图 6.11　实地调研图（六）

②地面的铺装。科技园内的场地开发大量采用了不透水地面铺装，导致了园区内场地不透水面积的增加，由此造成了地表径流流速的加快、洪峰的产生和地表径流污染的增加。

③土壤板结。场地的开发导致地表径流污染、非点源污染增加，从而造成土壤沙质化和土壤板结。加重了当地水资源的贫乏。

（3）景观设计方面

①道路景观。园区主路通公交车，人行道两边是各种花卉灌木，但缺少能够遮阴的行道树和能够渗透雨水的生物滞留池。园内的道路之间植被大多组合混乱，没有注意乔木和灌木的色彩、高低错落搭配（图6.12）。

图6.12 实地调研图（七）

②绿地景观。科技园街旁绿地中有圆形的雨水花园和带状的生物滞留池的设计，这些雨水景观对于渗透过滤雨水和吸收污染物都是非常有益的，并且美化了街旁的景观（图6.13）。

图6.13 实地调研图（八）

6.3.1.4 案例小结

通过国内外案例研究和实地调研可以总结得出：

（1）雨水花园的有效性

雨水花园建造规模可大可小，能够适应多种不同的绿地现状，实现与园林绿地较大程度的契合。通过降雨后清华胜因院雨水花园、阿普贝思雨水花园等地的实地调研，发现雨水花园内部积存的雨水已经下渗，证明雨水花园体系是一种科学有效、切实可行的生态、可持续的绿色基础措施，改变了传统低效的雨水处理模式，实现了雨水的资源化利用。同时建成的雨水花园都具有较高的景观美感，提升了场地的观赏价值。

（2）尊重场地，加强前期调研工作

不同的积水场地引起内涝的原因不尽相同，因此需要在前期多进行调研活动，分析场地周边的空间环境、下垫面性质和绿地景观特征等，得出场地内涝的真实原因。雨水花园改造中具有多样的雨洪管理措施，应当综合考虑场地现状，因地制宜，运用合理的技术措施，营造正确的雨水收集利用体系。

（3）透水铺装材料的大量应用

在雨水的收集利用过程中，设计材料的正确选用也是至关重要的。将场地原先的不透水材料替换为透水材料，不仅造价成本低廉，而且铺装材料在色彩、质地上具有多种表现形式，增强场所的景观渲染力。透水铺装主要的功能体现在可以增加地表雨水的下渗，补给地下水，减少地面雨水径流量，降低雨水的径流系数。

（4）功能性与形式美的完美契合

从场所设计的整体性上加以考虑，将功能性和景观性综合分析，合理运用各个设计要素，同时与雨水花园管控措施加以结合，体现场所的功能效用性和景观生态美观性。

（5）营造公共休闲教育空间

雨水花园景观改造，不仅仅是体现在雨水收集利用的功能方面，在设计上与休闲空间相结合，吸引师生到户外进行活动、休息、交流、观赏。同时作为雨水收集利用的文化教育科普场所，师生在享受优美景观的同时，又在不知不觉中加强了节约用水、保护水资源的思想教育，创造多功能、复合式的公共教育空间。

（6）雨水的资源化利用

通过在场地内设置透水铺装、雨水花园等雨洪管控设施，将一部分雨水径流过滤、下渗到土壤中，补充地下水。同时土壤对水分的含量也具有一定限度，将土壤吸收不了的多余的雨水资源，通过雨水罐等设施加以存储，可以用于后期景观水景用水、植物浇灌和道路冲洗等，实现雨水的资源化利用。

6.3.2 小型雨水花园展示园建设

6.3.2.1 雨水花园场地选择及关键技术节点

雨水花园的建造主要包括选址、土壤渗透性检测、结构及深度的确定、面积的确定、平面布局、植物的选择及配置等方面。

（1）选址

2018年10月中旬选定展示地，选取位于北京市园林科学研究院生态站中央环岛道路一侧的绿地，面积大约500 m²（图6.14），现状植物有苔草、海棠、紫薇，植物种类结构较为简单，对于雨水花园位置的选择，考虑以下几点：

①为了避免雨水侵蚀建筑基础，雨水花园的边线距离建筑基础至少2.5 m。

②雨水花园的位置不能选在靠近供水系统的地方或是水井周边。

③雨水花园不是水景园，所以不能选址于经常积水的低洼地。如果将雨水花园选在土壤排水性较差的场地上，雨水往地下渗透速度较慢，会使雨水长时间积聚在雨水花园中，既对植物生长不利，同时又容易滋生蚊虫。

④在地势较平坦的场地建造雨水花园会比较容易而且维护简单。

⑤尽量让雨水花园处于阳面，不要将其建在大树底下。

⑥雨水花园的位置与周边环境的关系对整个景观的影响。

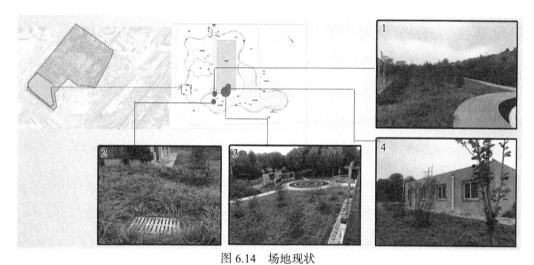

图6.14　场地现状

1.道路东侧绿地　2.排水沟　3.场地俯视　4.与建筑关系

（2）土壤渗透性检测

检测准备建雨水花园的场地内土壤的渗透性是建造雨水花园的前提。沙土的最小吸水率为210 mm/h，沙质壤土的最小吸水率为25 mm/h，壤土的最小吸水率为15 mm/h，而黏土的最小吸水率仅为1 mm/h。比较适合建造雨水花园的土壤是沙土和沙质壤土（图6.15）。通过简单的渗透试验来检验场地的土壤是否适合建雨水花园。方法是在场地上挖掘一个15 cm深的小坑，往里注满水，如果24 h之后水还没有渗透完全，那么该场地不适合建雨水花园。如果土壤渗透性较差，可以进行局部客土处理（图6.16）。

图6.15 土壤渗透性检测（手握法）

10:00、12:00、14:00、16:00，每间隔2 h观察下渗情况，发现土壤排水能力较差，需要改善

图6.16 土壤渗透性检测（24 h自然渗透法）

（3）确定面积

雨水花园的面积主要与其有效容量、处理的雨水径流量及其渗透性有关。要精确地定量雨水花园的表面积，国内外有以下几种方法：基于达西定律的渗透法；蓄水层有效容积法；完全水量平衡法。每一种方法都有其优点与局限性。虽然比较精确，但计算烦琐。

对于面积精度要求不是很高的家庭型雨水花园来说，可以采用按汇水面积进行估算的方法。主要步骤如下：

①确定汇水面积$S_汇$。雨水花园的汇水面积主要由3部分组成：屋顶、不透水地面、草坪。

屋顶的汇水面积按雨水花园所承担的比例计算。例如：建筑屋顶总面积为A，在建筑4个角上各有一个排水口。那么每个排水口所排出的雨水量约占总屋顶所排雨水量的$A/4$。如果雨水花园建在其中一个排水口附近，那么它承担1/4屋顶面积的排水量。由于草坪自身能吸收部分雨水，因此草坪的面积需乘以一个径流系数φ。雨水花园的汇水面积由以上3部分的面积相加得到。

$$S_{汇} = S_{屋} \times N + S_{地} + S_{草坪} \times \varphi \qquad (6.5)$$

式中：N 为雨水花园所承担屋顶径流的比例；φ 一般取 0.2。

②确定径流量（Q）

$$Q = S_{汇} \times h \qquad (6.6)$$

式中：h 为当地 24 h 最大降雨量。

③确定 24 h 渗雨水深度 h_0

$$h_0 = 24\,\text{h} \times r \qquad (6.7)$$

式中：r 为雨水花园的渗透率（单位：m/h）。

综上所述，雨水花园的面积公式为：

$$S_{花} = Q/h_0 = S_{汇} \times h/24 \times r = (S_{屋} \times N + S_{地} + S_{草坪} \times \varphi)\,h/24 \times r \qquad (6.8)$$

估算法虽然简便，易于实际操作，但毕竟精确度不够，所以可以根据不同场地的情况进行调整。

（4）确定场地竖向

由于场地本身有一个排水口，位于道路一侧，因此，在竖向设计时，力求将蓄水区多余的水排向排水口，因此场地竖向以东南侧最高，用于消纳置换的本底土壤，蓄水区周边略高于蓄水区域，方便汇集雨水。蓄水区设计深度为 1.3 m，汇水面低于道路 0.5m，最低处位于排水口附近，利用引导槽将蓄水区过多雨水导入排水口。从而确保场地排水通畅。

（5）确定结构及深度

本次采用的雨水花园结构如图 6.17 所示。主要由 5 部分组成，由表及里分别是：蓄水层、覆盖层、种植土层、沙层以及砾石层。

蓄水层能暂时滞留雨水，同时起到沉淀作用。覆盖层一般 5 ～ 10 cm 厚，能保持土壤的湿度，避免土壤板结而导致土壤渗透性能下降，此次选用的是有机覆盖物（图 6.18）。种植土层栽植植物，通过植物的根系能够起到较好的过滤与吸附作用。种植土的厚度根据所种植的植物来决定。如果只是花卉与草本植物，只需 30 ～ 50 cm 厚；种植灌木需 50 ～ 80 cm 厚；如果种植了乔木，则土层深度在 1 m 以上，展示园的换土部分土壤深度在 80 ～ 400 mm。在种植土层与砾石层之间加有一层沙，目的是防止土壤颗粒进入砾石层而引起穿孔管的堵塞，同时也起到通气的作用。在砾石层中

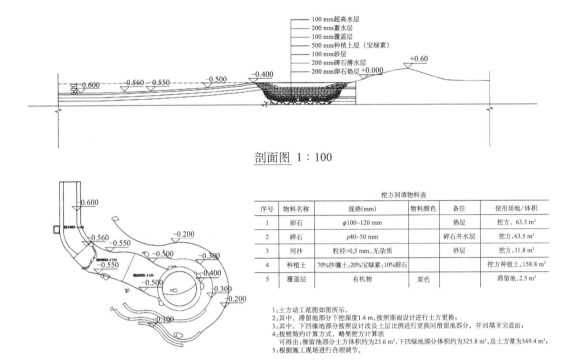

剖面图 1∶100

挖方回填物料表

序号	物料名称	规格(mm)	物料颜色	备注	使用场地/体积
1	卵石	$\phi100\sim120$ mm		垫层	挖方，63.5 m³
2	碎石	$\rho40\sim50$ mm		碎石井水层	挖方，63.5 m³
3	河沙	粒径>0.5 mm，无杂质		砂层	挖方，31.8 m³
4	种植土	70%沙壤土；20%宝绿素 10%蛭石			挖方种植土，158.8 m³
5	覆盖层	有机物	栗色		滞留池，2.5 m³

1：土方动工范围图如图所示；
2：其中，滞留池部分下挖深度1.4 m，按照斯面设计进行土方更换；
3：其中，下凹缘地部分按照改良土层比例进行更换同滞留池部分。并回填至完成面；
4：按照简约计算方式，略罅挖方计算法；
可得出：滞留池部分土方体积约为23.6 m³，下凹缘地部分体积约为325.8 m³，总土方量为349.4 m³；
5：根据施工现场进行合理调节。

图 6.17 本次采用的雨水花园结构图

埋有直径 100 mm 的穿孔管（pp 材质），经过渗滤的雨水由穿孔管收集进入其他排水系统。

图 6.18 覆盖层及盲管

在雨水花园的顶部还设有溢流口，通过溢流管将过多的雨水排入其他的排水系统。雨水花园蓄水层的深度，其数值一般在 10 ~ 30 cm，不宜过浅或过深。深度过浅，若要达到吸收全部雨水的目的，则会使雨水花园所占面积过大；而深度过深，会使雨水滞留时间加长，不仅导致植物的生长受到影响，还容易滋生蚊虫。

6.3.2.2 场地总体设计

雨水花园的平面形式比较自由，可以根据设计风格以及所处的场地环境布局。但为了能尽可能地发挥雨水花园的作用，其长宽比应该大于 3∶2（图 6.19 和图 6.20）。

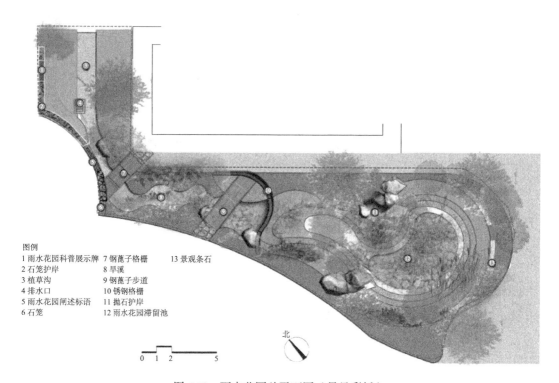

图例
1 雨水花园科普展示牌　7 钢箅子格栅　13 景观条石
2 石笼护岸　8 旱溪
3 植草沟　9 钢箅子步道
4 排水口　10 锈钢格栅
5 雨水花园阐述标语　11 抛石护岸
6 石笼　12 雨水花园滞留池

北

0 1 2　5

图 6.19　雨水花园总平面图（另见彩插）

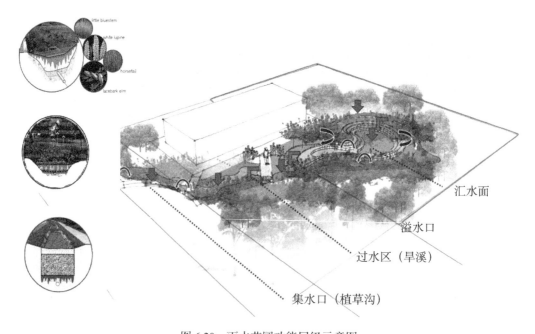

汇水面

溢水口

过水区（旱溪）

集水口（植草沟）

图 6.20　雨水花园功能层级示意图

按照现场地形地势以及设计高差，将场地分为植草沟排水区、旱溪过水区、雨水汇水区 3 个区域（图 6.21），场地下挖最低点在雨水汇水区，下挖深度为 1.4 m，实际竖向最低点位于靠近道路一侧的市政排水口，并通过盲管与之相连接。在整体竖向上呈现从雨水汇集区到市政排水区的层层跌落的景观。同时替换的原土就地消纳，在东部垒砌自然地形并自然找坡（图 6.22）。

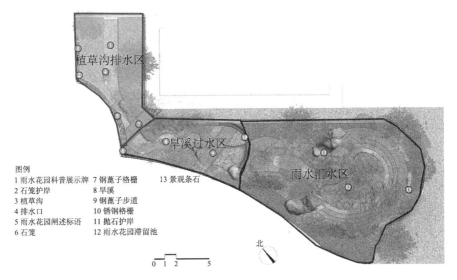

图 6.21　雨水花园分区图（另见彩插）

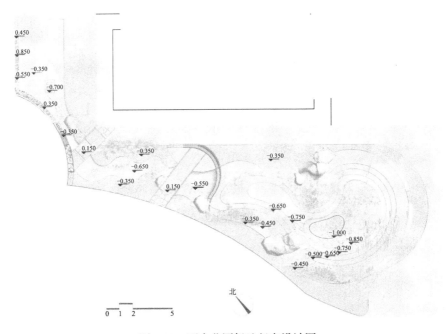

图 6.22　雨水花园场地竖向设计图

6.3.2.3 施工及现场调整

（1）施工过程

按照评审确定的设计方案，进行深化施工图设计（图 6.23 和图 6.24），组织园区基础施工，从技术交底积极跟进施工组织建设，完成场地平整、客土替换、钢结构定位、填料、木铺装安装、小品焊接、雾喷布设、logo 制作以及部分植物的定植工作（图 6.25）。现场工程技术有一定的难度，在天气不利的情况下以及满足北京市相关施工规定，按时完成整体的施工。

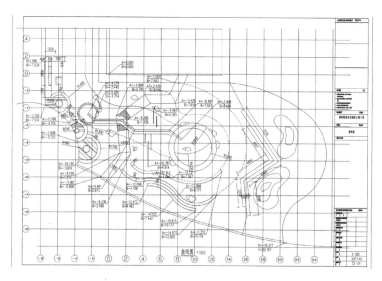

图 6.23　雨水花园平面放线图

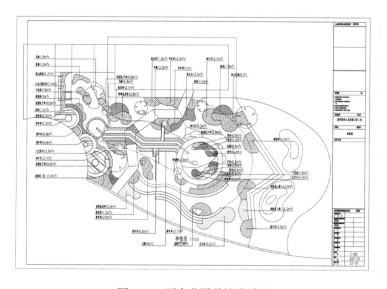

图 6.24　雨水花园种植设计图

a 平整场地，放线　　　　　b 钢结构定位　　　　　　c 木铺装

d 石笼展示牌焊接　　　e 盲管与市政管道连接　　f 配比种植土回填

g 土方就地消纳　　　　h 有机覆盖物铺设　　　　i 引水槽景观

图 6.25　雨水花园施工建造流程

（2）选择适宜植物

雨水花园是靠其土壤与植物共同作用来处理雨水的，因此对雨水花园植物的选择也是非常重要的。植物的选择遵循以下几点原则：

①以乡土植物为主，不能选择入侵性植物。

②选择既耐旱又能耐短暂水湿的植物。

③选择根系较发达的植物。

④选择香花性植物，以吸引昆虫等生物。

所列出的植物为适应我国气候与土壤特点，且能用于雨水花园的部分植物种类，在不同地区可以有选择性地使用。植物配置宜综合考虑植物的姿态、色彩、质感、花期、植株大小的搭配，形成具有野趣或者其他不同风格的花园景观。植物也可以与石材相互搭配以丰富雨水花园的景观效果，如在园中布置几组自然石，在覆盖层铺上细石。还可在雨水花园的边缘铺一层石块。为了更好地发挥雨水花园的作用，植物最好是成株移栽，尽量避免用种子及小苗栽植。本次选定植物种类见表 6.9。

表 6.9　展示地雨水花园所用植物种类

编号	植物名称	工程量 / 株	规格
1	五角枫	1	H=1.8～2.0 m
2	红枫	2	H=1.5～2.0 m
3	白蜡	1	H=1.5～2.0 m
4	高山紫菀	461	三年生
5	宿根鼠尾草	358	三年生
6	狼尾草	328	三年生
7	鸢尾	269	三年生
8	地被菊	147	三年生
9	八宝景天	282	三年生
10	粉黛乱子草	183	三年生
11	细叶芒	101	三年生
12	马蔺	762	三年生
13	蓝羊茅	160	三年生
14	菖蒲	47	三年生
15	月见草	187	三年生
16	佛甲草	173	三年生
17	旱伞草	176	三年生
18	芦苇	22	三年生
19	香蒲	22	三年生
20	假龙头	211	三年生
21	柳枝稗	162	三年生
22	蒲苇	96	三年生
23	千屈菜	352	三年生
24	苔草	18700	三年生

6.3.3　结论与展望

6.3.3.1　主要结论

园林绿地雨水花园构建技术是一项综合性的工程，具有很强的整体性，在进行雨水花园景观设计时始终明确地遵守着核心理念——低影响开发理念。在低影响开发理念的指导下通过雨水花园的景观设计手法，尊重场地现状，因地制宜，利用各个设计要素，构建丰富的竖向景观空间，缓解绿地缺水、内涝的局面。而其他景观效果例如宜人优美的景观、休息空间等都是在满足核心目标的基础上，以"配角"的姿态配合着主体展现出来。因此，整个雨水花园项目能够高效合理地收集利用来自屋顶、地面和道路的雨水，避免了绿地内雨水资源的直接弃流，加快了雨水收集利用研究的进程。主要有以下几个特点。

（1）屋顶雨水利用

对建筑周围的绿地进行改造，将屋顶雨水通过雨水管排入到改造的高位植坛和雨水花园中，经过植物、土壤、地形的共同作用，实现雨水径流的过滤、吸收和净化。

（2）地面雨水利用

将地面、道路、广场等硬质铺装改成生态透水铺装，使一部分雨水直接通过铺装地孔隙下渗到土壤之中。将地面的雨水就近引入到生态种植池中，如果周围有绿地时，将绿地改造成雨水花园，生态种植池与雨水花园相配合，以满足局部雨水吸蓄。

（3）绿地雨水利用

绿地自身具有一定的雨水调蓄能力。面积较小的集中绿地主要根据周边环境的雨水现状和空间布局，合理设计雨水花园或植草沟。面积较大的集中绿地进行改造时，可以与微地形营造相结合，低处设计为雨水花园，高处设计为低缓坡地，形成高低起伏的地势，有利于雨水径流的合理有效汇流。

（4）水循环

降雨时雨水资源经过透水性铺装、生态种植池、雨水花园的共同作用后，一部分被土壤直接吸收利用，增加了土壤的含水量，保持了土壤的湿度，为植物的生长创造了良好的生态环境，同时也补充了地下水；经过土壤的吸收利用后多余的雨水用专业的蓄水井进行收集，当需要进行绿化灌溉或者清洗路面时，可以将蓄水井中存储的雨水抽取出来使用，达到了水资源的充分利用，在一定程度上重建了水资源的循环利用。

6.3.3.2 未来展望

进行雨水资源收集利用景观营造研究具有前沿的科学价值和远大的前景。构建雨水花园体系，将雨水收集利用以景观化的设计手法展示在人们面前，唤起人们节约水资源的意识，具有明显的生态、经济、社会效益，缓解了用水紧缺的现状，促进生态可持续景观的建设，推动"生态绿地"的建设。在雨水收集利用景观的研究上，探讨出多种雨水花园设计的景观模式，灵活适应场地内的建筑、道路、绿地等现状，充分发挥出雨水花园景观在雨水收集利用方面的功能作用。同时，以小型绿地作为实验点，能够形成以点带面的效果，促进城市其他绿地开展雨水收集利用的活动，使之都能够成为构建海绵城市的细胞，提升城市整体雨水收集利用的能力。虽然随着海绵城市建设的不断进行，低影响开发技术设施的各种科学理论与实践经验也在慢慢地完善，但是依然存在着不少需要解决的困难。通过对雨水花园景观营造的研究，对未来雨水花园建设提出几条建议：

（1）在政府政策方面

需要制定相应的法律法规和鼓励机制，增加对雨水花园体系构建的投入，鼓励进行雨水花园景观营造的研究，营造出节约水资源的社会氛围，鼓舞人们积极参与到节约用水的行动中来。

（2）在专业领域方面

给排水、风景园林、市政工程等行业内的相关人士应该加大对雨水花园的研究，为雨水花园景观研究提供深厚的理论支撑。

（3）在总体规划的方面

充分考虑绿地现状，因地制宜，进行雨水花园与景观营造相结合的研究。在低影响开发理念的指导下，贯彻"生态、可持续"的宗旨，合理改善绿地模式，结合现状道路、建筑布局，进行雨水花园景观设计，形成有效的雨水花园系统，营造生态、宜人、舒心的环境，为其他绿地雨水收集利用景观营造提供展示或示范作用。

7

结　语

7.1 研究结论

7.1.1 北京城市绿地土壤水分入渗性能研究

（1）北京城市绿地土壤由于受人为活动的影响，土壤物理性质发生了显著变化，土壤容重增大、孔隙度和渗透性降低，压实现象普遍。北京城市绿地土壤渗透速率随土壤容重增加而降低，随土壤孔隙度的增加而增大。

（2）北京市不同类型绿地土壤的稳定渗透速率差异较大，以文教区和居民生活区为最好，其后依次为公园、商业区和道路交通区。北京城市绿地总体土壤稳定入渗率相对较快，大多数属于较慢及以下。

（3）通过减少绿地土壤人为或机械压实，改善土壤结构质地，增加土壤通气孔隙度，是提高城市绿地土壤入渗性能、增加土壤水分补给、减少降雨后地表径流产流的重要措施。

7.1.2 北京市常用园林绿化植物耐涝性评价及筛选

（1）本研究所采用的评价方法科学合理，可以比较准确地评价除柳树外的其他木本实验树种，以及除狼尾草之外的其他草本实验植物。这两种例外植物均可通过实践经验以及淹水实验过程中观察到的大量不定根判断其为耐涝植物。

（2）本研究筛选出耐涝性较强的木本植物 27 种，其中耐涝性极强的树种有 11 种，包括：沙地柏，蔷薇，红瑞木，榆树，白蜡，西府海棠，杨树，刺槐，卫矛，银杏，柳树；耐涝性强的树种有 16 种，包括：侧柏，桧柏，国槐，法桐，栾树，紫薇，月季，元宝枫，大叶黄杨，金叶女贞，黄刺玫，平枝栒子，扶芳藤，紫荆，紫叶小檗，木槿。

（3）本研究筛选出耐涝性较强的草本植物 16 种，其中耐涝性极强的草本植物有 12 种，包括：马蔺，荷兰菊，黄花鸢尾，大花秋葵，金边玉簪，拂子茅，青绿苔草，高山紫菀，婆婆纳，假龙头，电灯花，狼尾草；耐涝性强的草本植物有 4 种，包括：车前，蛇莓，玉带草，射干。

（4）以上筛选出的耐涝植物可应用于北方地区海绵城市建成过程中新建的下沉式绿地、集雨型绿地、雨水花园等，并为已有绿地改建过程中的植物选择提供参考。

7.1.3 公园绿地按需灌溉系统的构建与应用

（1）基于已有国家发明专利"一种城市绿地植物—土壤水分传输分析的方法及装置"（ZL201310210137.5）为基础，形成两套方便易操作的软件系统，"绿地植物生长—土壤水分动态模拟软件"与"公园绿地灌溉用水决策支持系统"。初步实现了公园绿地按需灌溉管理模式，并选择陶然亭公园绿地作为示范区进行应用。

（2）通过软件运行可实现根据每日下载的气象数据，计算出新的灌溉计划表，并生成当日灌溉指令表，确定绿地需要灌溉区以及灌水时间。但目前鉴于公园获取实时气象数据存在困难，现运行模式改为由北京市园林科学研究院定时采集气象数据，生成灌溉计划表，陶然亭公园将灌溉计划表作为指令表实施灌溉，并将记录返回。

（3）该系统被应用在陶然亭公园绿地灌溉管理中，在全年主要灌溉期内，可以节约用水 26.1%。

7.1.4 适用于北京地区的绿地雨水蓄渗利用技术设计规范

为建设生态雨洪利用设施提供指导，使北京市雨水控制和利用工程做到技术先进、结构合理、系统有效、安全可靠，以实现雨水资源有效管理，减轻城市洪涝，充分发挥园林绿地雨水蓄渗设施的重要潜能。依据研究成果与工程实践经验，编制《北京市建成区绿地雨水蓄渗利用技术设计规范》（简称《规范》）。

《规范》对绿地以削减径流排水、防治内涝、雨水的资源化利用及改善城市生态环境为目的，兼顾城市防灾需求；列举了下沉式绿地、生物滞留设施、绿色屋顶、渗透塘、渗井、透水铺装 6 项适合北京地区的增加绿地雨水渗透能力的工程措施，对各项措施适宜推广的区域、工程做法、滞留时间、适用植物等进行了详细说明，为课题提出海绵城市绿地建设技术体系提供科学依据。

7.2 局限与不足

现有园林植物的耐涝性研究较粗浅，且筛选品种较少。为了应对海绵城市建设的行业需求，为北京地区海绵城市建设提供耐涝植物品种支持，本研究结合北京地区的气候特点，在夏季降雨集中、易出现大面积积水的季节，设置了淹水 5 d、10 d、15 d 3 个淹水处理。淹水高度为高于土壤表面 10 cm。对北京地区常用的 83 种园林植物进行了耐涝性评价和筛选。同时，为了应对大量植物种筛选的工作量，选取植物受到涝害胁迫时表现较明显的快速测定指标进行测定，包括叶绿素光合荧光潜能，叶片SPAD，叶片含水率，比叶面积，叶片留存率，恢复后成活率，恢复后观赏效果，越冬后成活率，越冬后观赏效果。对于木本阔叶植物来说，以上所有指标全部纳入评价体系，对于木本针叶树来说，只关注恢复后成活率、恢复后观赏效果、越冬后成活率、越冬后观赏效果。对于草本植物来说，则只关注恢复后成活率和恢复后观赏效果。

"公园绿地灌溉用水决策支持系统"虽然已在陶然亭公园进行试运行，但目前公园获取实时气象数据仍存在困难，所以运行模式改为由北京市园林科学研究院定时采集气象数据，生成灌溉计划表，陶然亭公园将灌溉计划表作为指令表实施灌溉，并将记录返回。但如果进行技术推广及应用，仍需养护管理部门完善自身基础设施，安装气象站及土壤水分感应器等，提高绿地养护管理水平，从而得出准确灌溉计划并予以具体实施。但如此会产生更高的仪器购置及维护费用，实际应用起来效益不高。"公园绿地灌溉用水决策支持系统"目前更适用于估算全年或生长季绿地总需水量，为管理部门提供决策支撑。

绿地雨水蓄渗利用设施的布置需因地制宜，综合考虑场地因素，结合场地水资源的紧缺程度、雨水利用的可行性、投资经济适用性以及后期管护程度等，针对不同的情况提供合理的蓄渗利用设施。雨水蓄渗利用设计应根据本地水文地质特点、降雨规律、施工条件以及养护管理等因素综合考虑确定控制目标及指标，科学规划布局和选用雨水蓄渗设施和技术，要注重节能环保和工程效益。雨水蓄渗利用技术应在不断总结科研和生产实践经验的基础上，积极采用广泛应用的、行之有效的新技术、新方法、新材料和新设备。

参考文献

布莱登·威尔森，2007. 塔博尔山中学雨水花园 [J]. 中国园林 (2): 43-45.

车伍，李俊奇，2006. 城市雨水利用技术与管理 [M]. 北京：中国建筑工业出版社.

车伍，吕放放，李俊奇，等，2009. 发达国家典型雨洪管理体系及启示 [J]. 中国给水排水，25(20): 12-17.

车伍，张伟，王建龙，等，2010. 低影响开发与绿色雨水基础设施——解决城市严重雨洪问题措施 [J]. 建设科技，48-51.

车伍，赵杨，李俊奇，2015. 海绵城市建设热潮下的冷思考 [J]. 南方建筑 (4): 104-107.

陈端，黄国兵，张鹤，等，2007. 澳大利亚雨水管理技术介绍及其在中国应用前景初步分析 [C]. 第三届全国水力学与水利信息学大会论文汇编，149-155.

陈嵩，2014. 雨水花园设计及技术应用研究 [D]. 北京：北京林业大学.

陈彦熹，2013. 基于 LID 的城市化区域雨水排水系统规划方法研究 [D]. 天津：天津大学.

陈祎璠，王闪，徐心竹，等，2014. 下凹式绿地对降雨径流中氮素污染物削减作用的研究 [C]. 第九届中国城镇水务发展国际研讨会论文集，398-403.

陈昱霖，李田，顾俊青，2014. 粗放型绿色屋面填料的介质组成对出水水质的影响 [J]. 环境科学，35，41-57.

成玉宁，谢明坤，2017. 相反相成：基于数字技术的城市道路海绵系统实践——以南京天保街生态路为例 [J]. 中国园林 (10): 5-13.

程江，2007. 上海中心城区土地利用 / 土地覆被变化的环境水文效应研究 [D]. 上海：华东师范大学.

程江，杨凯，吕永鹏，等，2009. 城市绿地削减降雨地表径流污染效应的试验研究 [J]. 环境科学，30(11): 3236-3241.

邓小飞，徐瑾，李丽，2017. 佛甲草绿化屋面的隔热和降温增湿效应研究——以广州市羊城创意产业园屋顶为例 [J]. 西北林学院学报，32(4): 279-282.

方海兰，管群飞，朱振清，2014. 以绿化土壤标准体系为支撑，有效提高城市绿化质量 [J]. 中国园林，30(1): 122-124.

方正，刘非，肖雪莲，等，2016. 基于城市综合流域排水模型的地铁站防洪模拟研究 [J]. 武汉大学学报（工学版），49(1): 60-65.

和晓艳，2013. 屋顶绿化的相关技术研究 [D]. 南京：南京林业大学.

胡宏，2018. 基于绿色基础设施的美国城市雨洪管理进展与启示 [J]. 国际城市规划，33(3): 1-2.

黄金良，杜鹏飞，欧志丹，等，2006. 澳门城市路面地表径流特征分析 [J]. 中国环境科学，26(4): 469-473.

黄青，张凯，邓文鑫，等，2009. 合肥城市绿地土壤特点 [J]. 城市环境与城市生态，22(2): 12-15.

黄涛，2009. 城市雨水的收集和利用 [J]. 萍乡高等专科学校学报 (6): 35-37.

姜丽宁，2013. 基于绿色基础设施理论的城市雨洪管理研究 [D]. 杭州：浙江农林大学.

金晓玲，赵晓英，胡希军，等，2007. 屋顶花园建设综 [J]. 生态经济（学术版）(2): 434-436.

赖文波，蒋璐，2017. 基于景观信息模型 (LIM) 的大学校园雨水花园建造 [J]. 南方建筑 (1): 124-128.

李卓，吴普特，冯浩，等，2010. 容重对土壤水分蓄持能力影响模拟试验研究 [J]. 土壤学报，47(4): 611-

620.

林建城, 朱木兰, 李雪珺, 等, 2017. 几种闽南常见乔本植物其耐涝性研究 [J]. 科技创业月刊, 30(07): 139-140.

刘葆华, 2008. 屋顶绿化的环境与节能效益研究 [D]. 重庆: 重庆大学.

刘佳妮, 2010. 雨水花园的植物选择 [J]. 北方园艺 (17): 129-132.

刘致远, 2008. 不同外界条件对土壤入渗性能影响研究 [J]. 山西林业, 5, 23-25.

罗红梅, 车伍, 李俊奇, 等, 2008. 雨水花园在雨洪控制与利用中的应用 [J]. 中国给水排水 (6): 48-52.

马瑞娟, 张斌斌, 蔡志翔, 等, 2013. 不同桃砧木品种对淹水的光合响应及其耐涝性评价 [J]. 园艺学报, 40(03): 409-416.

马志飞, 2008. 上海市屋顶绿化现状研究 [D]. 北京: 北京林业大学.

毛献忠, 龚春生, 张锡辉, 2010. 城市湖泊暴雨过程中蓄洪能力研究 [J]. 水力发电学报, 29(3): 119-125.

孟晓蕊, 高凡, 朱婷, 等, 2018. 4 种引进观赏草在高温及水涝胁迫下的适应性 [J]. 江苏农业科学, 46(10): 138-144.

米文静, 张爱军, 任文渊, 2018. 国外低影响开发雨水资源利用对中国海绵城市建设的启示 [J]. 水土保持通报, 38(3): 345-352.

聂发辉, 李田, 姚海峰, 2008. 上海市城市绿地土壤特性及对雨洪削减效应的影响 [J]. 环境污染与防治, 30(2): 49-52.

欧阳威, 王玮, 郝芳华, 等, 2010. 北京城区不同下垫面降雨径流产污特征分析 [J]. 中国环境科学, 30(9):, 1249.

潘云, 吕殿青, 2009. 土壤容重对土壤水分入渗特性影响研究 [J]. 灌溉排水学报, 28(2): 59-61.

齐琳, 马娜, 吴雯雯, 等, 2015. 无花果品种幼苗淹水胁迫的生理响应与耐涝性评估 [J]. 园艺学报, 42(7): 1273-1284.

司璐, 周鸿, 庞家锋, 2015. SWMM 模型技术研究进展 [J]. 西南给排水 (6): 45-50.

宋珊珊, 2015. 基于低影响开发的场地规划与雨水花园设计研究 [D]. 北京: 北京林业大学.

孙静, 2007. 德国汉诺威康斯柏格城区一期工程雨洪利用与生态设计 [J] 城市环境设计, 3, 93-96.

唐莉华, 倪广恒, 刘茂峰, 等, 2011. 绿化屋顶的产流规律及雨水滞蓄效果模拟研究 [J]. 水文, 31(4): 18-22.

唐绍杰, 翟艳云, 容义平, 2010. 深圳市光明新区门户区——市政道路低冲击开发设计实践 [J]. 建设科技 (13): 47-55.

王春彦, 陆信娟, 吴锦华, 等, 2010. 屋顶薄层绿化对环境条件的影响 [J]. 西北林学院学报, 25(3): 192-195.

王建军, 李田, 2013. 雨水花园设计要点及其在上海市的应用探讨 [J]. 环境科学与技术, 36(7): 164-167.

王军利, 2010. 关中地区屋顶绿化中景天科植物色彩搭配的相融性研究 [J]. 中国农学通报, 26(19):, 201-205.

王淑敏, 胥哲明, 潘彩霞, 2011. 城市绿地土壤质量评价指标研究进展 [J]. 中国园艺文摘 (7): 38-40.

王思思, 张丹明, 2010. 澳大利亚水敏感城市设计及启示 [J]. 中国给水排水, 26(20):, 64-68.

王晓燕, 张雅帆, 欧洋, 等, 2009. 最佳管理措施对非点源污染控制效果的预测——以北京密云县太师屯镇为例 [J]. 环境科学学报, 29(11): 2440-2450.

王雅, 2015. 基于校园场地特征的多功能雨洪管控技术研究 [D]. 福州: 福建农林大学.

王雅楠, 2012. 屋顶绿化技术分析及节水型应用模式设计 [D]. 北京：中国林业科学研究院.

卫熹, 唐宁远, 李田, 2011. 上海市绿地渗透性能调查及改良 [J]. 净水技术, 30(4): 78-83.

魏俊岭, 金友前, 郜红建, 等, 2012. 合肥市绿地土壤水分入渗性能研究 [J]. 中国农学通报, 28(25): 302-
307.

伍海兵, 方海兰, 2015. 绿地土壤入渗及其对城市生态安全的重要性 [J]. 生态学杂志, 34(3): 894-900.

伍海兵, 方海兰, 彭红玲, 等, 2012. 典型新建绿地上海辰山植物园的土壤物理性质分析 [J]. 水土保持
学报, 26(6): 85-90.

解文艳, 樊贵盛, 2004. 土壤质地对土壤入渗能力的影响 [J]. 太原理工大学学报, 35(5): 537-540.

徐海顺, 2014. 城市新区生态雨水基础设施规划理论、方法与应用研究 [D]. 上海：华东师范大学.

阳李皓, 2004. 德国让市民自助绿化把城市变成花园 [J]. 生态经济, 6: 76-77.

杨璠, 2016. 海绵城市理念在挪威南森公园中的应用 [J]. 绿化与生活 (4): 27-29.

杨芳绒, 潘盼, 李延, 2010. 国内外城市雨水资源化利用措施分析 [J]. 江西农业学报, 22(2): 129-132.

杨金玲, 张甘霖, 袁大刚, 2004. 城市土壤的压实退化及其环境效应 [J]. 土壤通报, 35(6): 688-694.

杨金玲, 张甘霖, 袁大刚, 2008. 南京市城市土壤水分入渗特征 [J]. 应用生态学报, 19(2): 363-368.

杨茗, 2016. 城市雨水的利用方法及进展 [J]. 应用化工, 45(9): 1771-1774.

杨栩, 尤学一, 季民, 等, 2011. 城市绿地土壤入渗模型及参数确定 [J]. 城市环境与城市生态, 24(6):
18-21.

叶建军, 魏裕基, 肖衡林, 等, 2014. 初绿化屋顶对雨水截留作用研究 [J]. 给水排水, 40(5): 139-143.

叶青, 2012. 城市暴雨内涝气象监测预警系统的设计与实现 [D]. 成都：电子科技大学.

余叔文, 汤章城, 1998. 植物生理与分子生物学 [M]. 北京：科学出版社.

俞孔坚, 2016. 论生态治水, "海绵城市"与"海绵国土" [J]. 人民论坛·学术前沿 (21): 6-18.

曾忠忠, 刘恋, 2007. 解析波特兰雨水花园 [J]. 华中建筑 (4): 34-3.

张波, 史正军, 张朝, 等, 2012. 深圳城市绿地土壤孔隙状况与水分特征研究 [J]. 中国农学通报, 28(4):
299-304.

张钢, 2010. 雨水花园设计研究 [D]. 北京：北京林业大学.

张建云, 2012. 城市化与城市水文学面临的问题 [J]. 水利水运工程学报 (1): 1-4.

张善峰, 王剑云, 2011. 让自然做功——融合"雨水管理"的绿色街道景观设计 [J]. 生态经济 (11): 182-
189+192.

张业成, 张立海, 张梁, 等, 2005. 浅议中国水资源形势与水环境灾害 [C]. 中国地质矿产经济学会 2005
年学术年会论文集, 477-482.

张玉鹏, 周国艳, 2012. 浅析中国城市雨水治理历程及研究现状 [J]. 城市建设理论研究, 电子版 (8).

章茹, 2008. 流域综合管理之面源污染控制措施 (BMPs) 研究 [D]. 南昌：南昌大学.

赵建伟, 单保庆, 尹澄清, 2006. 城市旅游区降雨径流污染特征——以武汉动物园为例 [J]. 环境科学报,
26(7): 1062-1067.

郑克白, 2013. 北京市雨水利用概况及政策介绍 [R]. 北京.

中华人民共和国住房和城乡建设部, 2014. 海绵城市建设技术指南——低影响开发雨水系统构建 (试
行)[Z]. 北京：中国建筑工业出版社.

中华人民共和国住房和城乡建设部, 2015. 海绵城市建设试点绩效评价指标体系 [Z]. 北京：中国建筑工
业出版社.

周赛军，任伯帜，邓仁健，2010. 蓄水绿化屋面对雨水径流中污染物的去除效果 [J]. 中国给水排水，26(5): 38-41.

周鑫，2010. 公园绿地的节水型设计研究 [D]. 北京：北京林业大学.

朱冰冰，张平仓，丁文峰，等，2008. 长江中上游地区土壤入渗规律研究 [J]. 水土保持通报，28(4): 43-47.

卓仁英，陈益泰，2001. 木本植物抗涝性研究进展 [J]. 林业科学研究，14(2): 215-222.

邹明珠，王艳春，刘燕，2012. 北京城市绿地土壤研究现状及问题 [J]. 中国土壤与肥料 (3): 1-6.

ALLETTO L, COQUET Y, 2009. Temporal and spatial variability of soil bulk density and near-saturated hydraulic conductivity under two contrasted tillage management systems [J]. Geoderma, 152: 85-94.

ANGELOV M N, SUNG S J S, DOONG R L, et al, 1996. Long-term and short-term flooding effects on survival and sink -source relationships of swamp-adapted tree species[J]. Tree Physiology, 16(5): 477-484.

BANNERMAN R, ELLEN CONSIDINE, 2003. Rain Gardens A How-to Manual for Homeowners [M]. Wiscons in University of Wiscons in Extension.

BECK D A, JOHNSON G R , SPOLEK G A, 2011. Amending green-roof soil with biochar to affect runoff water quantity and quality [J]. Environmental Pollution, 159(8/9): 2111-2118.

BERNDTSSON J C, BENGTSSON L, JINNO K, 2009. Runoff water quality from intensive and extensive vegetated roofs [J]. Ecological Engineering, 35(3): 369-380.

CELIK I, GUNAL H, BUDAK M, et al, 2010. Effects of long-term organic and mineral fertilizers on bulk density and penetration resistance in semi-arid Mediterranean soil conditions [J]. Geoderma, 160: 236-243.

CENTER FOR WATERSHED PROTECTION, 2003. New York State Stormwater management Design Manual[M].Ellicott City .MD.

DAVIS A P, HUNT W F, TRAVER R G, et al, 2009. Bioretention technology: Overview of current practice and future needs [J]. Journal of Environmental Engineering, 135: 109-117.

ELAHI M, 2014. Municipal stormwater management in Denmark[D]. Swedish University of Agricultural Sciences.

ELIASSON S, 2013. Rain gardens in the city-Choosing the right plants for temporary dry and wet environments in Gothenburg[D]. Swedish University of Agricultural Sciences.

FLETCHER T D, SHUSTER W, HUNT W F, et al, 2015. SUDS, LID, BMPs and more – The evolution and application of terminology surrounding urban drainage [J]. Urban Water Journal, 12(7): 525-542.

GILL S E, HANDLEY J F, ENNOS A R, et al, 2007. Adapting cities for climate change: The role of the green infrastructure [J]. Built Environment, 33: 115-133.

GREGOIRE B G, CLAUSEN J C, 2011. Effect of a modular extensive green roof on storm water runoff and water quality. Ecological Engineering, 37: 963-969.

HATHWAY A M, HUNT W F, JENNINGS G D, 2008. A field study of green roof hydrologic and water quality performance [J]. Transaction of the ASABE, 51(1): 37-44.

HELMBOLD W, 2016. Green-blue streets-An explorative study of the possibilities of using rain gardens in street environments–based on a design proposal of Vasagatan in Kristianstad[D]. Swedish University of Agricultural Sciences.

HOOD M J, CLAUSEN J C, WARNER G S, 2007. Comparison of Stormwater Lag Times for Low Impact and Traditional Residential Development[J]. Journal of the American Water Resources Association, 43(4):1036-1046.

JÖNSSON A B, 2013. Presentation of visible stormwater management in private gardens and courtyards[D]. Swedish University of Agricultural Sciences.

JÖNSSON F E, 2015. Vegetation suitable for fluctuating water levels – design proposal for open stormwater systems in Augustenborg[D]. Swedish University of Agricultural Sciences.

LABIB F, O'BRIEN E, 2007. Stormwater Management Manual for Westem Washington Volume Ⅲ -Hydrologic Analysis and Flow Control Design/ BMPs[M]. Washington State Department of Ecology.

MENTENS J, RAES D, HERMY M, 2006. Green roofs as a tool for solving the rainwater runoff problem in the urbanized 21st century? [J]. Landscape and Urban Planning, 77(3): 217-226.

MERRIMAN K R, GITAU M W, CHAUBEY I, 2006. A tool for estimating best management practice effectiveness in Arkansas.[J]. Discovery, (25):199-213.

PRADEEP K B, BARRY J A, JAMES Y L, 2006. Runoff quality analysis of urban catchments with analytical probabilistic model [J]. Journal of Water Resources Planning and Management, 132(1): 4-14.

SEIDL M, GROMAIRE M, SAAD M, et al, 2013. Effect of substrate depth and rain event history on the pollutant abatement of green roofs [J]. Environmental Pollution, 183-195.

SHUTTLEWORTH W J, GURNEY R J, 1990. The theoretical relationship between foliage temperature and canopy resistance in sparse crops [J]. Quarterly Journal of the Royal Meteorological Society, 116(492): 497-519.

TEEMUSK A M, 2007. Rainwater runoff quantity and quality performance from a green roof: The effects of short term events [J]. Ecological Engineering, 30(3): 271-277.

UNIVERSITY OF WISCONSIN EXTENSION AND WISCONSIN DEPARTMENT OF NATURAL RESOURCES RAIN GARDENS, 2002. A household Way to Improve Water Quality in Your Community[M]. Wisconsin University of Wisconsin Extension.

USEPA, 2000. Low Impact Development (LID):A Literature Review. United States Environmental Protection Agency. EPA-841-B-00-005,Washington DC:United States Environmental Protection Agency.

VIJAYARAGHAVAN K, JOSHI U M, BALASUBRAMANIAN R, 2012. A field study to evaluate runoff quality from green roofs [J]. Water Research, 46(4): 1337-1345.

WAGNER I, 1994. Testing of juvenile-mature-correlations with special reference to water supply for 12 clones of Norway spruce (Picea abies L. Karst.). Illustration of height growth[J]. Forstwissenschaftliches Centralblatt, 113:125-136.

WILLIAMSON K S, 2003. Growing with Green Infrastructure[C]. RLA.

YANG W, LI D, SUN T, et al, 2015. Saturation-excess and infiltration-excess runoff on green roofs [J]. Ecological Engineering, 74: 327-336.

ZHANG Q, MIAO L, WANG X, et al, 2015. The capacity of greening roof to reduce storm water runoff and pollution. Landscape and Urban Planning, 144: 142-150.

附录 A
园林植物耐涝能力评价体系

A1 实验材料

待评价园林植物盆栽苗。

A2 实验方法

对苗子进行为期 3 个月的养护之后，每种植物选择生长较好、规格一致的盆栽苗进行淹水实验。设淹水时间为 5 d、10 d、15 d 淹水处理以及对照，每处理设不低于 5 株重复。对照组淹水期间正常浇水，确保生长健壮。在人工水池内开展淹水实验，淹水时间为夏季高温多雨季节。淹水前剪除黄叶枯枝，淹水深度为高出基质表面 10 cm。每个实验处理结束时，将植物从淹水池中捞出，同时对淹水处理和对照进行生理指标的测定和形态观测。实验结束后，所有植物进行常规养护。停止淹水 1 个月后，观测植物成活率及观赏效果恢复情况。木本植物第二年春季观测越冬后植物的成活率和观赏效果，以判断经历涝害胁迫后是否影响植物耐寒性。草本植物对涝害的响应非常强烈，淹水处理及恢复 1 个月后足以判断其耐涝性。

A3 观测指标

A3.1 叶绿素光合荧光潜能

每株植物随机选取 3 片健康成熟叶片，利用暗适应叶夹夹住叶片，进行 20 min 的暗适应后，利用 Handy PEA（Hansatech Instruments LTD, UK）进行测定。

A3.2 叶片 SPAD

每株植物随机选取 5 片健康成熟叶片，利用校正过的手持 SPAD 仪（Soil and Plant

Analyzer Development，Japan）夹取叶片，避开叶脉，读取叶片 SPAD 值。

A3.3　叶片含水率

测定结束后每株植物剪 / 摘下总面积不小于 2 cm² 的叶片，分别测定叶片鲜重、叶面积和干重。叶片鲜重和干重用千分之一天平称重。叶面积用叶面积仪测定。叶片含水率＝（鲜重 － 干重）/ 鲜重。

A3.4　比叶面积

利用上述测定的叶面积和叶片干重进行计算，比叶面积＝叶面积 / 叶干重。

A3.5　叶片保存率

每个淹水处理结束时，观测植物健康叶片保存率。

A3.6　恢复后成活率

淹水处理结束，所有植物进行常规养护。养护 1 个月后，统计植物成活率。成活率判断标准：只要植物地上部有健康生长的叶片即可判断为成活。

A3.7　恢复后观赏效果

淹水处理结束，所有植物进行常规养护。养护 1 个月后，统计植物观赏效果。

观赏效果打分标准如下：以对照为参考，对照为 10 分。10 分，生长正常，观赏效果极佳；8 分，生长正常，观赏效果较好，有少量黄叶、落叶；6 分，黄叶、落叶达植株的一半以上，生长状况一般；4 分，观赏效果较差，仅存部分枝叶正常生长；2 分，存活，但基本丧失观赏价值；0 分，死亡。

A3.8　越冬后成活率

淹水植株进行常规养护，越冬后，植物生长季节到来后，统计经过淹水处理植物的成活率。

A3.9　越冬后观赏效果

统计越冬成活率的同时，进行观赏效果打分。打分标准同 A3.7。

A4 评价体系的建立

A4.1 评价指标及赋值

A4.1.1 叶绿素光合荧光潜能

本指标代表植物在不同淹水处理下受到的胁迫程度。选取其中 RC/ABS、F_v/F_o、$(1-V_j)/V_j$、PI 4 个指标进入评价体系，每个指标赋值 5 分，本项总分 20 分。

A4.1.2 叶片 SPAD

本指标代表植物经历涝害胁迫后出现叶片黄化的程度，赋值 10 分。

A4.1.3 叶片含水率

本指标代表植物根系受害及影响地上部吸水程度，赋值 10 分。

A4.1.4 比叶面积

本指标代表植物叶片生长是否受到影响，赋值 10 分。

A4.1.5 淹水处理结束时健康叶片留存率

本指标代表植物经受涝害胁迫后叶片脱落或萎蔫程度，赋值 10 分。

A4.1.6 恢复生长后成活率

本指标代表植物经受涝害胁迫后，脱离淹水环境能否正常生长，赋值 10 分。

A4.1.7 恢复生长后观赏效果

本指标代表植物经受涝害胁迫后，脱离淹水环境能否正常生长，赋值 10 分。

A4.1.8 越冬后成活率

本指标代表植物经历淹水胁迫后是否影响其抗寒性，赋值 10 分。

A4.1.9 越冬后观赏效果

本指标代表植物经历淹水胁迫后是否影响其抗寒性，赋值 10 分。

A4.2 评分方法

A4.2.1 阔叶木本植物

A4.1.1—A4.1.9 所有评价指标均纳入阔叶木本植物评价体系。每个实验处理总分 100 分，共有淹水 5 d、淹水 10 d、淹水 15 d 3 个处理，满分共计 300 分。

每个指标得分 = 处理测量值 / 对照测量值 × 赋值（注：每项最高得分不超过赋值）

总得分为 3 个处理各项指标得分的总和。

综合评分 = 总得分 /300×100（百分制）

根据树木的耐淹水能力综合评分，将其耐涝性分级如下：

极强＞90，80＜强≤90，70＜中≤80，60＜弱≤70，极弱≤60。

A4.2.2　针叶木本植物

将 A4.1.6—A4.1.9 四个指标纳入常绿针叶树根据耐涝能力评价体系。共有淹水 5 d、淹水 10 d、淹水 15 d 3 个处理，满分共计 120 分。

评价得分 = 总得分 /120×100（百分制）

根据树木的耐淹水能力综合评分，将其耐涝性分级如下：

极强＞90，80＜强≤90，70＜中≤80，60＜弱≤70，极弱≤60。

A4.2.3　草本植物

将 A4.1.6—A4.1.7 的 2 个指标纳入常绿针叶树根据耐涝能力评价体系。共有淹水 5 d、淹水 10 d、淹水 15 d 3 个处理，满分共计 60 分。

评价得分 = 总得分 /60×100（百分制）

A4.3　耐涝能力分级标准

根据木本和草本植物的耐淹水能力综合评分，将其耐涝性分级如下：

极强＞90，80＜强≤90，70＜中≤80，60＜弱≤70，极弱≤60。

附录 B
北京市建成区绿地雨水蓄渗利用技术设计规范

B1 总则

B1.1 编制目的

为实现雨水资源有效管理，有效削减径流排水、防治内涝、雨水的资源化利用及改善城市生态环境，并兼顾城市防灾需求，充分发挥园林绿地雨水蓄渗设施的重要潜能，使北京市雨水控制和利用工程做到技术先进、结构合理、系统有效、安全可靠，制定本指南。

雨水蓄渗利用设计应根据上位雨洪利用规划所确定的目标及指标，并结合本地水文地质特点、降雨规律、施工条件以及养护管理等因素综合考虑确定控制目标及指标，科学规划布局和选用雨水蓄渗设施和技术，要注重节能环保和工程效益。

B1.2 适用范围

本指南适用于北京市建成区新建、改建、扩建的绿地建设项目雨水蓄渗利用相关的规划和设计。北京市建成区的绿地建设范围包括公园绿地、防护绿地、广场绿地、附属绿地及区域绿地等。

B1.3 雨水蓄渗利用设施应用原则

北京市建成区新建、改建、扩建设项目的规划和设计应包括雨水蓄渗利用的内容。雨水蓄渗利用设施与技术应与项目主体工程同时规划设计、同时施工、同时投入使用。

雨水蓄渗利用技术应在不断总结科研和生产实践经验的基础上，积极采用广泛应用的、行之有效的新技术、新方法、新材料和新设备。

雨水蓄渗利用设施应采取保障公众安全的防护措施，消除安全隐患，增强防灾减灾能力。

雨水蓄渗利用设施设计除执行本指南外，还应符合国家级地方现行的相关标准、规范的规定。当本指南要求与国家现行标准、规范矛盾时，以国家现行标准、规范为准。

随着北京市雨水蓄渗设施示范建设的推进和低影响开发工程的实践，应及时进行总结并对本指南内容逐步完善和优化。

B2 术语和定义

B2.1 一般术语和定义

B2.1.1 雨水入渗（stromwater infiltration）

通过人工或自然设施，使雨水下渗到土壤表层以下，补充地下水。

B2.1.2 雨水调蓄（stormwater detention,retention and storage）

雨水滞蓄、储存和调节的统称。

B2.1.3 雨水滞蓄（stormwater retention）

在降雨期间滞留和蓄存部分雨水以增加雨水的入渗、蒸发和收集回用。

B2.1.4 雨水调节（stormwater detention）

也称调控排放，在降雨期间暂时储存（调节）一定量的雨水，削减向下游排放的雨水洪峰径流量、延长排放时间，但不减少排放的总量。

B2.1.5 雨水储存（stormwater storage）

在降雨期间滞留和蓄存部分雨水以增加雨水的入渗、蒸发和收集回用。

B2.1.6 入渗设施（infiltration facilities）

收集雨水径流，供其入渗、蒸发的设施。

B2.1.7 传输设施（collection facilities）

雨水利用与控制系统中主要功能为传输雨水的设施。

B2.1.8 滞蓄设施（storage facilities）

收集雨水径流、能够存储一定时间，供其入渗、蒸发的设施。

B2.1.9 下垫面（underlying surface）

降雨受水面的总称。包括屋面、地面、水面等。

B2.1.10 绿化屋顶（green roof）

在高出地面以上，与自然土层不相连接的各类建筑物、构筑物的顶部以及天台、露台上由覆土层和疏水设施构建的绿化体系。

B2.1.11 透水铺装（pervious pavement structure）

由透水面层、基层、底基层等构成的地面铺装结构，能储存、渗透自身承接的降雨。

B2.1.12　下沉式绿地（lower grass-land）

低于周边铺砌地面或道路，浅于干湿塘、景观水体，可积蓄、入渗雨水的绿地，积水深度宜为 100 ～ 200 mm。

B2.1.13　生物滞留设施（bioretention system, bioretention cell）

通过植物、土壤和微生物系统滞蓄、渗滤、净化径流雨水的设施。

B2.1.14　渗透塘（infiltration pool）

指雨水通过侧壁和池底进行入渗的滞蓄水塘。

B2.1.15　渗井（infiltration-removal well）

具有一定储存容积和过滤截污功能，将初期径流暂存并渗透至地下的装置。

B2.1.16　植草沟（grass swale）

在地表浅沟中种植植被，可以截留雨水并入渗，或转输雨水并利用植被净化雨水的设施。

B2.1.17　卵石 / 碎砾石浅沟（pebble swale）

卵石浅沟是在植草沟的基础上表面以卵石覆盖，对雨水进行过滤净化、传输的一种沟体。

B2.1.18　硅砂排水沟（silica sand drains）

硅砂排水沟适用于人行道、车行道、小区道路等的排水，宜设于道路两侧。由硅砂滤水盖板、硅砂排水槽、混凝土基础、土基层组成。

B2.1.19　调节塘（adjust pond）

调节塘也称干湿塘，以削减峰值流量功能为主，一般由进水口、调节区、出口设施、护坡及堤岸构成，也可通过合理设计使其具有渗透功能，起到一定的补充地下水和净化雨水的作用。

B2.1.20　景观水体（landscape water body）

以雨水作为主要补充水源的具有雨水调蓄和净化功能的景观水体。

B2.1.21　雨水湿地（stormwater wetlands）

雨水湿地利用物理、水生植物及微生物等作用净化雨水，是一种高效的径流污染控制设施，雨水湿地分为雨水表流湿地和雨水潜流湿地，一般设计成防渗型以便维持雨水湿地植物所需要的水量，雨水湿地常与景观水体合建并设计一定的调蓄容积。

B2.1.22　蜂巢约束承载稳固系统（load support system）

简称巢室承载稳固系统，是由蜂巢格室、压实粒料及土工布隔离垫层组成的具有半刚性作用的柔性复合结构层构成的软土地基上的承载结构，具有支撑荷载、加筋稳定、减小变形、降低粒料填料破损、耐水抗冻等综合功效。

B2.2　控制指标类术语和定义

B2.2.1　年径流总量控制率（volume capture ratio of annual rainfall）

根据多年日降雨量统计分析计算，场地内累计全年得到控制的雨量占全年总降雨量的百分比。

B2.2.2　透水铺装率（proportion of permeable paving）

透水地面铺装占硬化地面的比例。

B2.2.3　下沉式绿地率（sunken green rate）

广义的下沉式绿地面积占绿地总面积的比例。广义的下沉式绿地泛指具有一定调蓄容积（在以径流总量控制为目标进行目标分解或设计计算时，不包括调节容积）的可用于调蓄径流雨水的绿地，包括生物滞留设施、渗透塘、景观水体、雨水湿地等。

B2.2.4　绿色屋顶率（green roof rate）

绿色屋顶面积占建筑屋顶总面积的比例。

B2.3　设计参数类术语

B2.3.1　设计降雨量（design rainfall depth）

为实现一定的年径流总量控制目标（年径流总量控制率），用于确定低影响开发设施设计规模的降雨量控制值，一般通过当地多年日降雨资料统计数据获取，通常用日降雨量（mm）表示。

B2.3.2　单位面积控制容积（volume of LID facilities for catchment runoffcontrol）

以径流总量控制为目标时，单位汇水面积上所需低影响开发设施的有效调蓄容积（不包括雨水调节容积）。

B2.3.3　雨量径流系数（pluviometricrunoff coefficient）

设定时间内降雨产生的径流总量与总雨量之比。

B2.3.4　流量径流系数（dischargerunoff coefficient）

形成高峰流量的历时内产生的径流量与降雨量之比。

B2.3.5　汇流时间（convergence time）

雨水从相应汇水面积的最远点地面汇流到雨水管渠入口的时间。

B2.3.6　土壤渗透系数（permeability coefficient of soil）

单位水力坡度下水的稳定渗透速度。

B3　绿地雨水蓄渗利用设施

城市绿地中土壤的渗透能力因土质的构成、地形的坡度以及植被覆盖等情况不同而千差万别，因此不能完全依靠土壤渗透保证降雨过程中的环境安全，需采用进一步的绿地雨水蓄渗利用设施去促进雨水的合理疏导与利用。绿地雨水蓄渗利用设施实施过程中需保证景观效果及经济性，宜采用生态、低维护、造价低、性价比高的下沉式绿地、植草沟等设施。

绿地雨水蓄渗利用设施包含入渗设施、传输设施、滞蓄设施、截污净化设施。绿地雨水蓄渗利用设施的布置需因地制宜，综合考虑场地因素，结合场地水资源的紧缺程度、雨水利用的可行性、投资经济适用性以及后期管护程度等，针对不同的情况提供合理的蓄渗利用设施。

B3.1　入渗设施

入渗设施包括下沉式绿地、生物滞留设施、雨旱两宜型水池、渗透塘、渗井、透水铺装等。

雨水入渗设施宜根据汇水面积、地形、土壤地质条件等因素选用透水铺装、浅沟、洼地、渗渠、渗透管沟、入渗井、入渗地、渗排一体化设施等形式或其组合。绿地内表层土壤入渗能力不足时，可增设人工渗透设施，如通过掺拌粉煤灰、碱渣土等来改变土壤结构。

入渗设施布置时应注意以下几项设计要点：

（1）铺装场地中透水铺装比例要求

人行道、非机动车道、庭院、广场等硬化地面宜采用透水铺装，硬化地面中透水铺装的面积比例不宜低于70%。

（2）铺装场地雨水就近入渗

与铺装场地相连接的绿地应低于地面 50 ～ 100 mm，便于雨水就地入渗。若采用立道牙，则应适当设置豁口，保证雨水能够流入绿地。

（3）入渗设施的日渗透能力

入渗设施的日渗透能力不宜小于其汇水面上 81 mm 降雨量，渗透时间不应超过 24

小时。

（4）土壤渗透能力要求

北京市绝大多数区域土壤以沙土、壤土为主，满足雨水入渗的基本要求。工程建设前应获取拟设入渗区的土壤渗透系数和地下水位高程，用以确认设计合理性。入渗区土壤性质以沙土、壤土为宜，土壤渗透系数宜大于 0.0864 m/d，一般介于 1×10^{-6} m/s ～ 1×10^{-3} m/s 之间，且渗透面距地下水位大于 1.0 m（表 B3.1）。

表 B3.1　入渗设施渗透能力表

入渗设施	土壤渗透系数
生物滞留设施	$\geqslant 1 \times 10^{-4}$ m/s
渗井	$\geqslant 5 \times 10^{-6}$ m/s
透水面层	$\geqslant 1 \times 10^{-4}$ m/s
其他	$\geqslant 1 \times 10^{-6}$ m/s

（5）保证安全

雨水入渗设施应保证周围建筑物、构筑物的安全及正常使用，不影响道路路基。实际安全距离根据建筑物、构筑物的具体要求确定。除地面入渗外，雨水渗透设施距建筑物、构筑物基础外缘不应小于 5 m，并对建筑物、构筑物、地下管线不产生影响。

B3.1.1　下沉式绿地

1）概念与构造

下沉式绿地是入渗设施中常采用的方式，应在条件允许的情况下，设计时多设置下沉式绿地以便雨水回渗（图 B3.1）。但是，下沉式绿地仅为入渗设施的一种，不能因设置下沉式绿地而影响绿地的景观效果和使用功能。

图 B3.1　下沉式绿地实景照片（六里桥旱湿两宜公园）

2）适用性（竖向、土建）

（1）适用情况与选址

下沉式绿地可广泛应用于城市建筑与小区、道路、绿地和广场内。对于径流污染严重、设施底部渗透面距离季节性最高地下水位或岩石层小于 1 m 及距离建筑物基础不小于 5 m（水平距离）的区域，应采取必要的措施防止次生灾害的发生。

下沉式绿地使用区域广，其建设费用和维护费用均较低，但大面积应用时，易受到地形等条件的影响，实际调蓄容积较小。

（2）入渗时间

狭义下沉式绿地雨水滞留时间最佳时长为 2 ～ 6 h，最长不超过 24 h，以有效保证植物存活，并有效杜绝细菌病菌等滋生。

（3）工程做法

①雨水汇集过程

在雨水汇集流向下沉式绿地的过程中，应设置滤水设施，如连续的缓坡绿地，过滤雨水中的杂质。坡度不应小于1%，适宜坡度为 1.5% ～ 10.0%，应控制雨水径流汇入下沉式绿地的流速，防止水土流失，入渗区进水方式应多点进入（图 B3.2）。

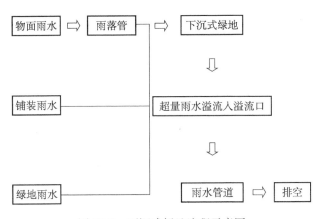

图 B3.2　下沉式绿地流程示意图

②工程技法

A. 下沉式绿地内的下凹深度应根据植物耐淹性能和土壤渗透性能确定，一般为 100 ～ 200 mm（图 B3.3）。

B. 下沉式绿地内一般应设置溢流口（雨水口），保证暴雨时径流的溢流排放，溢流口顶部标高一般应高于绿地 50 ～ 100 mm（图 B3.4）。

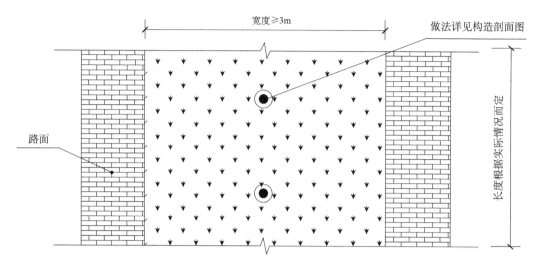

图 B3.3 狭义的下沉式绿地典型平面布置图（自绘）

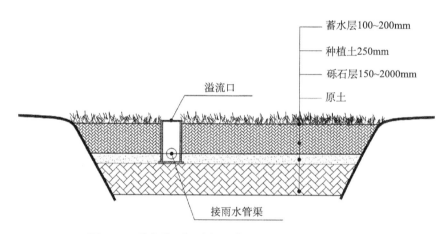

图 B3.4 狭义的下沉式绿地典型构造示意图（自绘）

（4）适用植物

草本植物（75 ～ 300 mm）：玉簪、宽叶苔草、披针苔草、月见草、崂峪苔草、脚苔草、早熟禾。

B3.1.2 生物滞留设施

1）概念与构造

生物滞留设施指在地势较低的区域，通过植物、土壤和微生物系统蓄渗、净化雨水径流的设施（图 B3.5）。生物滞留设施，按应用位置不同又称作下沉式绿地、生物滞留带、高位花坛、生态树池等。绿化带内植物宜根据水深、水质等进行选择，宜选择耐淹、耐污等能力较强的乡土植物。

图 B3.5　生物滞留设施实景照片

2）适用性（竖向、土建）

（1）适用情况与选址

生物滞留设施是通过天然或人工低洼地蓄水入渗，兼具入渗功能、滞蓄功能，增加雨水径流控制量（图 B3.6）。一般常用于下沉式绿地面积不足或土壤渗透性较差处。

北京市绝大多数区域土壤以沙土、壤土为主，满足干湿塘对土质的基本要求。工程建设前应对入渗区域进行地勘，获得渗透系数资料，用以确认设计合理性，土壤性质以沙土、壤土为宜。土壤渗透系数宜为 0.0864 ～ 86.4000 m/d，且渗透面距地下水位不小于 1.0 m。

在对现状场地进行雨水设施新建、改建时，还应考虑开放游憩绿地中游人活动对土壤板结程度的影响。

（2）入渗时间

为保证地被植物存活，生物滞留设施积水排空时间不应大于 48 h。

（3）工程做法

①雨水汇集过程

在雨水汇集流向生物滞留设施的过程中，应设置滤水设施，如连续的缓坡绿地、过滤雨水中的杂质。最大坡度（水平：垂直）宜为 3：1，最适宜坡度为 1.5% ～ 10.0%，应控制雨水径流汇入洼地的流速，防止水土流失。

入渗区进水方式应多点进入，若需要管渠导水，应尽量采用明渠。在入口处根据实际情况设滤水带。

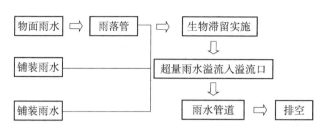

图 B3.6　生物滞留设施流程示意图

②工程技法

A.屋面雨水径流可由雨落管接入生物滞留设施,道路雨水径流可通过路缘石豁口进入,路缘石豁口尺寸和数量应根据道路纵坡等经计算确定。路缘石应有足够的埋置深度、合适的背后支撑、填土应夯实。

B.生物滞留设施内应设置溢流设施,可采用溢流竖管、盖篦溢流井或雨水口等,溢流设施顶一般应低于汇水面 100 mm。

C.生物滞留设施宜分散布置且规模不宜过大,生物滞留设施面积与汇水面面积之比一般为 5% ~ 10%。

D.复杂型生物滞留设施结构层外侧及底部应设置透水土工布,防止周围原土侵入。如经评估认为下渗会对周围建(构)筑物造成塌陷风险,或者拟将底部出水进行集蓄回用时,可在生物滞留设施底部和周边设置防渗土工布。

E.生物滞留设施的蓄水层深度应根据植物耐淹性能和土壤渗透性能来确定,一般为 200 ~ 300 mm,并应设 100 mm 的超高;换土层介质类型及深度应满足出水水质要求,还应符合植物种植及园林绿化养护管理技术要求;为防止换土层介质流失,换土层底部一般设置透水土工布隔离层,也可采用厚度不小于 100 mm 的沙层(细沙和粗沙)代替;砾石层起到排水作用,厚度一般为 250 ~ 300 mm,可在其底部埋置管径为 100 ~ 150 mm 的穿孔排水管,砾石应洗净且粒径不小于穿孔管的开孔孔径;为提高生物滞留设施的调蓄作用,在穿孔管底部可增设一定厚度的砾石调蓄层(图 B3.7,图 B3.8)。

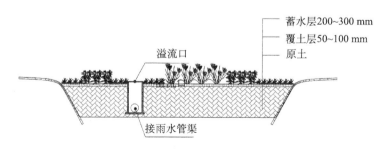

图 B3.7　简易型生物滞留设施典型构造示意图(自绘)

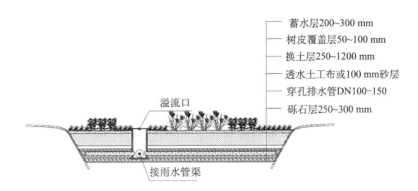

蓄水层200~300 mm
树皮覆盖层50~100 mm
换土层250~1200 mm
透水土工布或100 mm砂层
穿孔排水管DN100-150
砾石层250~300 mm

溢流口

接雨水管渠

图 B3.8　复杂型生物滞留设施典型构造示意图（自绘）

种植土层厚度视植物类型确定，当种植草本植物时一般为 250 mm，种植木本植物厚度一般为 1000 mm。

（3）适用植物

草本植物（300 ～ 400 mm）：玉簪、金娃娃萱草、马蔺、鸢尾、高羊茅等。

B3.1.3　雨旱两宜型雨水池

1）概念与构造

利用绿地规划中的地形高低变化和开敞空间的设置，无雨时可作为游人活动的场地，降雨时把绿地内的雨水导向此处进入地下集雨装置（图 B3.9）。

图 B3.9　雨旱两宜型雨水池实景照片

2）适用性（竖向、土建）

（1）适用情况与选址

适用于汇水面积较大且具有一定空间条件的区域，或低洼地区，可用于绿地广场或建筑小区，距离建筑物基础不小于 5 m（水平距离）。若应用于径流污染严重、设施底部渗透面积离季节性最高地下水位小于 1 m 的区域时，应采取必要的措施防止发生次生灾害。

（2）入渗时间

为保证地被植物存活，渗透塘积水排空时间不应大于 72 h。

（3）工程做法

外观类似"舞池"，场地地面边缘或者中心有雨水渗流沟槽和雨篦子（具体工程做法待查证）。

（4）适用植物

湿生植物：花叶芦竹、美人蕉、千屈菜、黄菖蒲、再力花。

B3.1.4　渗透塘

1）概念与构造

渗透塘是一种用于雨水下渗补充地下水的洼地，具有一定的净化雨水和削减峰值流量的作用（图 B3.10）。

图 B3.10　渗透塘典型构造示意图

2）适用性（竖向、土建）

（1）适用情况与选址

渗透塘适用于汇水面积较大且具有一定空间条件的区域，空间面积一般大于 1 hm²，如绿地广场及建筑小区。但应用于径流污染严重、设施底部渗透面积离季节性最高地下水位小于 1 m 及距离建筑物基础小于 5 m（水平距离）的区域时，应采取必要的措施防止发生次生灾害。

（2）入渗时间

为保证地被植物存活，渗透塘积水排空时间不应大于 72 h。

（3）工程做法

①雨水汇集过程

在雨水汇集流向渗透塘的过程中，应设置前置塘，沉淀并过滤雨水中的杂质。坡度应不大于 1 : 3，应控制雨水径流汇入洼地的流速，防止水土流失（图 B3.11）。

图 B3.11　渗透塘流程示意图

②工程技法

A. 应设置沉沙池、前置塘等预处理设施，去除大颗粒的污染物并减缓流速。

B. 渗透塘边坡坡度（垂直 : 水平）一般不大于 1 : 3，塘底至溢流水位一般不小于 0.6 m。

C. 渗透塘底部构造一般为 200 ～ 300 mm 的种植土、透水土工布及 300 ～ 500 mm 的过滤介质层。

D. 透塘排空时间不应大于 24 h。渗透塘应设溢流设施，并与城市雨水管渠系统和超标雨水径流排放系统衔接。

E. 渗透塘外围应设安全防护措施和警示牌。

见图 B3.12、图 B3.13。

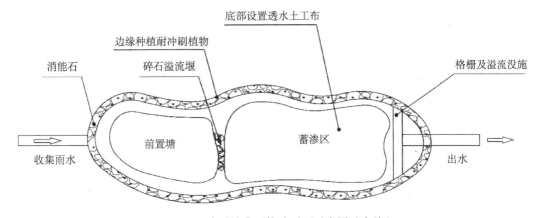

图 B3.12　渗透塘典型构造平面示意图（自绘）

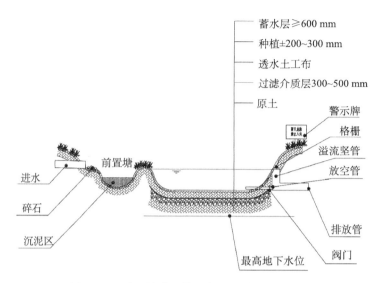

图 B3.13　渗透塘典型构造剖面示意图（自绘）

（4）适用植物

湿生植物：花叶芦竹、美人蕉、千屈菜、黄菖蒲、再力花。

B3.1.5　渗井

1）概念与构造

渗井指通过井壁和井底进行雨水下渗的设施，为增大渗透效果，可在渗井周围设置水平渗排管，并在渗排管周围铺设砾（碎）石。渗井占地面积小，建设和维护费用较低，但其对水质和水量控制作用有限（图 B3.14）。

图 B3.14　渗井实景示意图

2）适用性（竖向、土建）

（1）砖砌/干砌片石渗水井

渗水井适用于土壤渗透系数＞0.432 m/d 的园林绿地。渗水井基础应建造为沙土层，并应在径流污染严重、设施底部距离季节性最高地下水位或岩石层小于 1 m 以上及距离建筑物基础小于 3 m（水平距离）的区域时，应采取必要的措施防止发生次生灾害。入渗量与土壤结构、地下水位有关，当渗透效果减弱时，可更换新沙层，其厚度取决于土壤沙层孔隙度。

设计时可参考《排水工程标准图集》（91SB4-1），图集中渗水井做法包含直径为 1500 mm 及 2000 mm 两个规格、砖砌及干砌片石两种材料类型。渗水井周边工程处理详见图 B3.15，入渗量表详见表 B3.2。

表 B3.2　渗水井渗水量表

井径（mm）	渗水量（m³/h）	
	粉沙	粉土
φ1500	0.20	0.07
φ2000	0.33	0.11

（2）工程做法

①雨水通过井下渗前应通过植草沟、植被缓冲带等设施对雨水进行预处理。

②渗井出水管的内底高程应高于进水管管内顶高程，但不应高于上游相邻井的水管管内底高程。

③渗井调蓄容积不足时，也可在渗井周围连接水平渗排管，形成辐射深井。辐射渗井的典型构造如图 B3.15 所示。

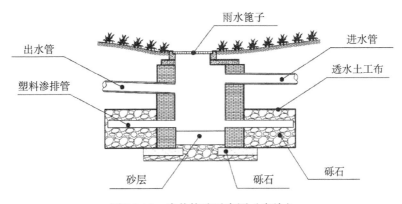

图 B3.15　渗井构造示意图（自绘）

（3）适用植物

为保证景观效果与使用安全，可在井盖框架内填种植土或卵石、铺装材料，进行景观化处理。也可通过在井盖周边栽植植物进行遮挡。

草本植物：玉簪、宽叶苔草、披针苔草、月见草、崂峪苔草、脚苔草、冷季型草。

3.1.6 透水铺装

1）概念与构造

透水铺装按照面层材料不同可分为透水砖铺装、透水混凝土铺装和透水沥青混凝土铺装，嵌草砖、园林铺装中的鹅卵石、碎石铺装等也属于渗透铺装（图B3.16）。

图 B3.16 透水铺装实景照片

2）适用性（竖向、土建）

（1）适用情况与选址

透水砖铺装和透水混凝土铺装主要适用于广场、停车场、人行道以及车流量和荷载较小的道路，如建筑与小区道路、市政道路的非机动车道等，透水沥青混凝土路面还可用于机动车道。

透水铺装一般用于使用频率较高的商业停车场、汽车回收及维修点、加油站及码头等径流污染严重的区域。应用于以下区域时，还应采取必要的措施防止次生灾害或地下水污染的发生：

可能造成陡坡坍塌、滑坡灾害的区域，湿陷性黄土、膨胀土和高含盐土等特殊土壤地质区域。

透水铺装适用区域广、施工方便，可补充地下水并具有一定的峰值流量削减和雨水净化作用，但易堵塞，寒冷地区有被冻融破坏的风险。

（2）入渗时间

透水路面砖厚度为 50～80 mm，孔隙率 20%，垫层厚度按 200 mm、孔隙率按 30% 计算，则垫层与透水砖可以容纳 72 mm 的降雨量（北京地区 2 年一遇），垫层以下的基础为黏土，雨水渗入地下速度忽略不计，透水地面结构可以满足大雨的降雨量要求，而实际工程应用效果和现场试验也证明了这一点。

（3）工程做法

透水铺装结构应符合《透水砖路面技术规程》（CJJ/T188—2012）、《透水沥青路面技术规程》（CJJ/T190—2012）和《透水水泥混凝土路面技术规程》（CJJ/T135—2009）的规定。透水铺装还应满足以下要求：

①透水铺装对道路路基强度和稳定性的潜在风险较大时，可采用半透水铺装结构。

②土地透水能力有限时，应在透水铺装的透水基层内设置排水管或排水板。

③当透水铺装设置在地下室顶板上时，顶板覆土厚度不应小于 600 mm，并应设置排水层。

透水砖铺装典型构造如图 B3.17 所示，其具体结构形式要求如表 B3.3 所示，图 B3.18 为人行透水铺装结构示意图，图 B3.19 为考虑机动车行驶的厚透水铺装结构示意图。

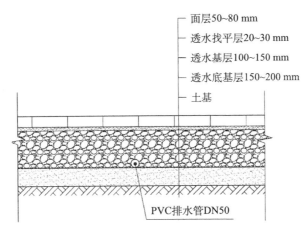

图 B3.17　透水铺装地面结构示意图（自绘）

表 B3.3　透水铺装地面的结构形式

垫层结构	找平层	面层	适用范围
100 ～ 300 mm 透水混凝土	1：6 干硬性水泥砂浆粗砂、细石厚度 20 ～ 50 mm 硅砂透水砖专用黏接剂	砂石面层透水混凝土透水沥青混凝土植草地坪	人行道、轻交通流量路面、停车场
150 ～ 300 mm 砂砾料			
100 ～ 200 mm 砂砾料 +50 ～ 100 mm 透水混凝土			

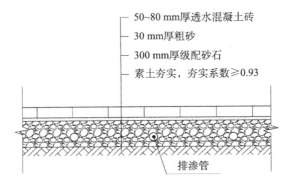

图 B3.18　人行透水砖铺装（不考虑机动车荷载）（自绘）

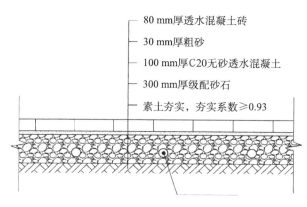

　80 mm厚透水混凝土砖
　30 mm厚粗砂
　100 mm厚C20无砂透水混凝土
　300 mm厚级配砂石
　素土夯实，夯实系数≥0.93

图 B3.19　厚透水砖铺装（考虑机动车荷载）（自绘）

（4）适用材料

透水地面的类型有透水混凝土、植草地坪、透水砖、透水沥青、砂石路、嵌草汀步等。

B3.2　传输设施

传输设施用于收集、输送和排放径流雨水，是衔接渗透、滞蓄、回用设施的设施，主要包括植草沟、渗管/渠、卵石/碎砾石浅沟、硅砂排水沟、植被缓冲带、消能设施等。

传输设施优先选用植草沟，尽可能避免采用雨水管线，具体设施的选用应根据汇水面积、径流流速及设施使用部位的整体景观效果要求而确定。

B3.2.1　植草沟

1）概念与构造

植草沟是指种有植被的地表沟渠，可收集、输送和排放径流雨水，并具有一定的雨水净化作用，可用于衔接绿地与其他各单项设施、城市雨水管渠系统和超标雨水径流排放系统（图 B3.20）。除传输型植草沟外，还包括渗透性的干式植草沟及过滤性的湿式植草沟（图 B3.21），可分别提高径流总量和径流污染控制效果。

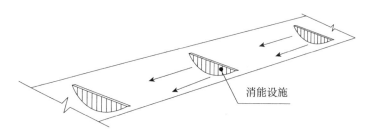

消能设施

图 B3.20　植草沟雨水流程示意图（自绘）

图 B3.21　植草沟雨水实景示意图

2）适用性（竖向、土建）

（1）适用情况与选址

植草沟适用于建筑与小区内道路，广场、停车场等不透水面的周边，城市道路及城市绿地等区域，也可作为生物滞留设施、景观水体等低影响开发设施的预处理设施。植草沟也可与雨水管渠联合应用，在场地竖向允许且不影响安全的情况下也可代替雨水管渠。

植草沟具有建设及维护费用低、易与景观结合的优点，但在已建成城区及开发强度较大的新建城区等区域易受场地条件制约。

（2）工程做法

①布置方式

浅沟位置应根据汇水区域进行布置，并分段计算排水流量。若汇集的雨水中含有大量泥沙，则应通过截污设施预处理后再排入植草沟。浅沟的设计出流应考虑分散措施，避免冲蚀破坏下游设施、水体及输送系统（图 B3.22）。

图 B3.22　植草沟雨水流程示意图

②工程技法

A.植草沟沟断面形式宜采用倒抛物线形、三角形或梯形（图 B3.23 和图 B3.24）。

B.植草沟的边坡坡度（垂直∶水平）不宜大于 1∶3，纵坡不应大于 4%。纵坡较大时宜设置为阶梯型植草沟或在中途设置消能设施。

C.植草沟最大流速应小于 0.8 m/s，曼宁系数宜为 0.2 ～ 0.3。

D. 转输型植草沟内植被高度宜控制在 100 ～ 200 mm。

见图 B3.25 至图 B3.29。

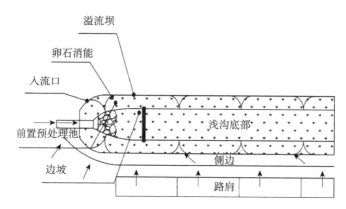

图 B3.23　植草沟典型平面图（自绘）

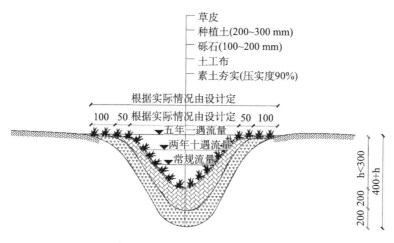

图 B3.24　植草沟大样图（自绘）

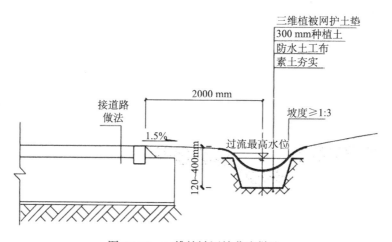

图 B3.25　三维植被网植草沟做法

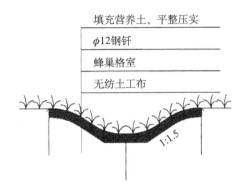

图 B3.26　浅碟形巢室生态草沟做法

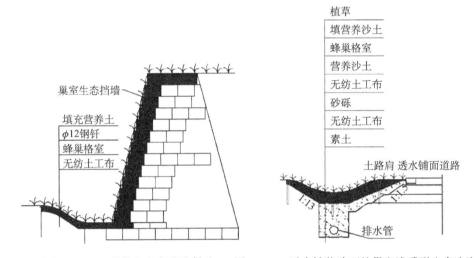

图 B3.27　L 形巢室生态草沟做法　　图 B3.28　透水铺装路面的巢室浅碟形生态边沟做法

图 B3.29　北京 APEC 会议核心区范崎路浅碟形巢室生态草沟实景图

（3）适用植物

草本植物：玉簪、宽叶苔草、披针苔草、月见草、崂峪苔草、脚苔草。

B3.2.2　渗管 / 渠

1）概念与构造

渗管 / 渠指具有渗透功能的雨水管 / 渠，可采用穿孔塑料管（图 B3.30）、无砂混凝土管 / 渠和砾（碎）石等材料组合而成。

图 B3.30　渗管实景照片

2）适用性（竖向、土建）

（1）适用情况与选址

渗管 / 渠适用于建筑与小区及公共绿地内转输流量较小的区域，不适用于地下水位较高、径流污染严重及易出现结构塌陷等问题的不宜进行雨水渗透的区域（如雨水管渠位于机动车道下等）。

渗管 / 渠对场地空间要求小，但建设费用较高，易堵塞，维护较困难。

（2）工程做法

①布置方式

渗管 / 渠应设置植草沟、沉淀（砂）池等预处理设施（图 B3.31）。

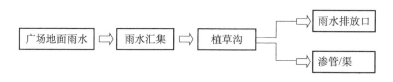

图 B3.31　渗管雨水流程示意图

②工程技法

A. 渗管 / 渠开孔率应控制在 1% ～ 3%，无砂混凝土管的孔隙率应大于 20%。

B. 渗管 / 渠的敷设坡度应满足排水的要求。

C. 渗管 / 渠四周应填充砾石或其他多孔材料，砾石层外包透水土工布，土工布搭接宽度不应少于 200 mm。

D. 渗管 / 渠设在行车路面下时覆土深度不应小于 700 mm。

见图 B3.32。

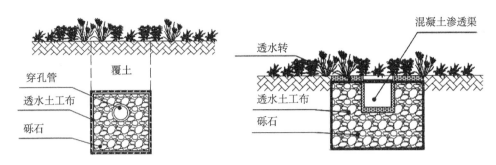

图 B3.32　渗管 / 渠典型构造示意图

B3.2.3　卵石 / 碎砾石浅沟

卵石浅沟是在植草沟的基础上表面以卵石覆盖，对雨水进行过滤净化、传输的一种沟体。卵石浅沟的耐冲刷能力大于植草沟。卵石浅沟优先采用可入渗的构造形式，即底部不采取防渗措施与构造，则雨水可通过底面土壤渗透，降雨时，雨水进入沟体内先储存在卵石间隙，雨量增大形成径流后沿雨水沟坡度向下游输送。

水量较大、流速较快时，可首选卵石浅沟，如图 B3.33。卵石雨水沟的设计因素包括雨水沟的断面尺寸、长度、水深、流速、卵石的粒径大小以及孔隙率等。卵石的孔隙率越大，收集的雨水量越多。

砾石粒径 2.0 ～ 76.2 mm，卵石长径 ≤ 150 mm。

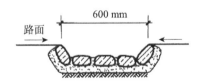

图 B3.33　卵石收集雨水沟做法

卵石浅沟还可采用石笼形式建设，做法详见图 B3.34，建成实景如图 B3.35。

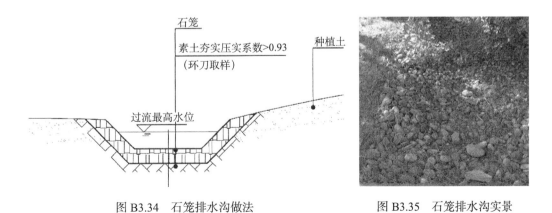

图 B3.34　石笼排水沟做法　　　　图 B3.35　石笼排水沟实景

卵石浅沟还可采用蜂巢格室填装碎砾石方式建设，做法详见 3.36，实景如图 B3.37。

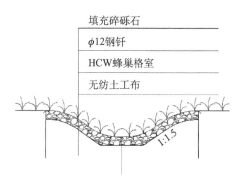

图 B3.36　巢室碎砾石浅沟做法　　　图 B3.37　巢室碎砾石浅沟实景（沟底与右岸）

B3.2.4　硅砂排水沟

硅砂排水沟适用于排水空间狭窄区域的排水，宜设于道路两侧。由硅砂滤水盖板、硅砂排水槽、混凝土基础、土基层组成，做法详见图 B3.38，并应符合下列规定：

（1）硅砂排水沟应设置于路缘石与沥青道路之间。

（2）硅砂滤水盖板应为道路坡向低点。

（3）硅砂排水沟与沥青道路之间应用防水土工膜做防水处理。

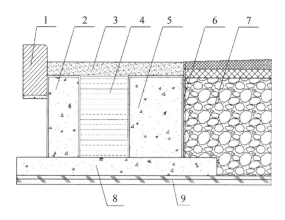

图 B3.38　硅砂排水沟示意图

1—硅砂滤水路缘石；2—透水混凝土槽壁；3—硅砂滤水盖板；4—排水槽；
5—防水混凝土槽壁；6—防水土工膜；7—沥青道路；8—混凝土底板；9—土基层

硅砂排水沟设计应符合下列规定：

（1）沟槽的泄水能力应大于服务面积内设计重现期的道路雨水流量。

（2）沟槽的超高尺寸不应小于 0.2 m。

（3）排水沟用于车行道时，排水沟的排水槽两侧应采取防水措施。

（4）排水沟设计应满足相应承载力要求，北方寒冷地区还应满足抗冻要求。

B3.2.5　植被缓冲带

1）概念与构造

植被缓冲带为坡度较缓的植被区，经植被拦截及土壤下渗作用减缓地表径流流速，并去除径流中的部分污染物，植被缓冲带坡度一般为 3% ～ 6%，宽度不宜小于 2 m。植被缓冲带典型构造见图 B3.39。

图 B3.39　植被缓冲带实景示意图

2）适用性（竖向、土建）

（1）适用情况与选址

植被缓冲带适用于道路等不透水面周边，可作为生物滞留设施等低影响开发设施的预处理设施，也可作为城市水系的滨水绿化带，但坡度较大（大于 6%）时其雨水净化效果较差。

植被缓冲带建设与维护费用低，但对场地空间大小、坡度等条件要求较高，且径流控制效果有限。

（2）工程做法

①雨水汇集

见图 B3.40。

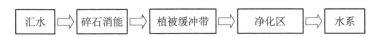

图 B3.40　植被缓冲带流程示意图

②工程技法

见图 B3.41。

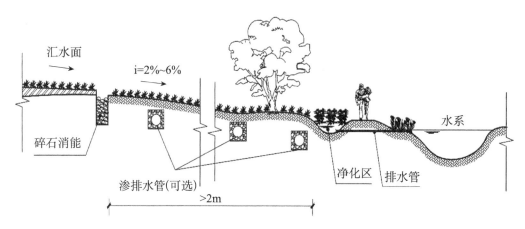

图 B3.41　植被缓冲带典型构造示意图

（3）适用植物

乔木：银杏、白蜡、元宝枫。花灌木：月季、珍珠梅。草本植物：玉簪、宽叶苔草、披针苔草、月见草、崂峪苔草、脚苔草。湿生植物：花叶芦竹、美人蕉、千屈菜、黄菖蒲、再丽花。水生植物：荷花、水葱、蒲草、芦苇、水蓼。

B3.2.6　消能设施

（1）景观设施分散拦截坡地径流

在径流量较小、径流速度较低的坡面，可设置景石等以分散水流、消减水流能量。

在径流相对集中区域，可采取卵石渗滤带等设施，消减径流冲力，过滤泥沙。消能井具体做法可参考《建筑设备施工安装通用图集排水工程》（91SB4-1）。

（2）截流沟

又叫导流沟，山坡截流沟一般在坡地上布置。沟的间距依坡度的陡缓而异。坡度陡时沟距小，坡度缓时沟距大，但均应保证两条截流沟之间的坡面径流速度，在设计降雨条件下，小于坡面临界冲刷流速。

截流沟的断面形式一般为梯形。截流沟与纵向布置的排水沟相连。需控制沟内水流速度，防止沟内发生冲刷。当截流沟通过突变地形（如陡坡等）时，要设置适当的衔接构筑物（如跌水等）以消减径流势能，防止冲毁设施和地形。

截留沟的做法包括连续坡面截留沟、平地 / 道路一侧坡面截留沟，具体做法如图 B3.42、图 B3.43 所示。

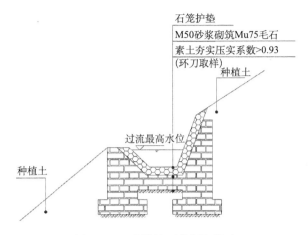

图 B3.42　连续坡面截留沟做法

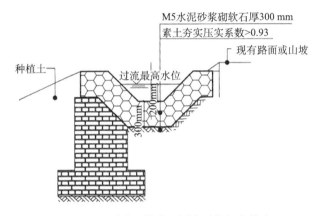

图 B3.43　平地 / 道路一侧坡面截留沟做法

截流沟也可采用石笼材料，进行景观化提升。

B3.3　滞蓄设施

园林中常用的滞蓄设施一般包括：调节塘、景观水体、雨水湿地、蓄水池等，优先采用景观水体作为滞蓄设施。滞蓄设施的使用具有很强的季节特点，在园林绿地中大多以景观水体形式存在，在管理时控制景观水系的水深，在雨季预留储水空间作为调蓄池。

B3.3.1　下沉式绿地

1）概念与构造

下沉式绿地是在地势较低区域种有植物的专类工程设施，它通过土壤和植物的过滤作用净化雨水，减小径流污染，同时消纳小面积汇流的初期雨水，减少径流量，于降雨时发挥雨水净化和调蓄的功能。下沉式绿地主要由蓄水层、覆盖层、种植土层、人工填料层及砾石层构成。如图 B3.44 所示。

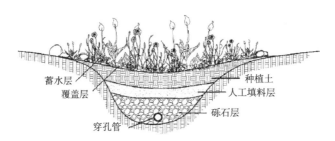

图 B3.44　下沉式绿地设施示意照片

2）适用性（竖向、土建）

（1）适用情况与选址

下沉式绿地根据场地所需控制的目标不同而进行分类，主要有以控制径流污染为目的的下沉式绿地和以控制径流量为目的的下沉式绿地两种。以控制径流污染为目的一般适用于径流污染比较严重的城市空间，如：停车场、城市广场、城市道路等；以控制径流量为目的一般适用于处理雨水水质相对较好、汇流面积较小的城市空间，如：庭院、学校、居住小区等。

（2）工程做法

①雨水汇集

见图 B3.45。

图 B3.45　下沉式绿地设施流程示意图

②工程技法

见图 B3.46。

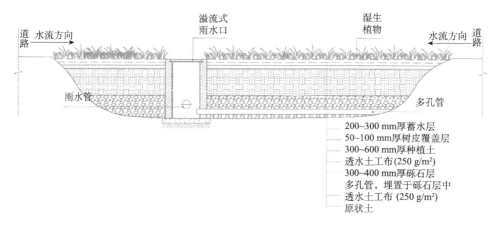

图 B3.46 下沉式绿地典型构造示意图

B3.3.2　调节塘

1）概念与构造

调节塘也称干湿塘，以削减峰值流量功能为主，一般由进水口、调节区、出口设施、护坡及堤岸构成，也可通过合理设计使其具有渗透功能，起到一定的补充地下水和净化雨水的作用（图 B3.47）。

图 B3.47　调节塘实景照片

2）适用性（竖向、土建）

（1）适用情况与选址

调节塘适用于建筑与小区、城市绿地等具有一定空间条件的区域。调节塘可有效削减峰值流量，建设及维护费用较低，但其功能较为单一。

（2）工程做法

①雨水汇集

见图 B3.48。

图 B3.48　调节塘雨水流程示意图

②工程技法

A.进水口应设置碎石、消能坎等消能设施，防止水流冲刷和侵蚀。

B.应设置前置塘对径流雨水进行预处理。

C.调节区深度一般为 0.6～3.0 m，塘中可以种植水生植物以减小流速、增强雨水净化效果。塘底设计成可渗透时，塘底部渗透面距离季节性最高地下水位或岩石层不应小于 1 m，距离建筑物基础不应小于 3 m（水平距离）。

D. 调节塘出水设施一般设计成多级出水口形式，以控制调节塘水位，增加雨水水力停留时间（一般不大于 24 h），控制外排流量。

E. 调节塘应设置护栏、警示牌等安全防护与警示措施。

见图 B3.49。

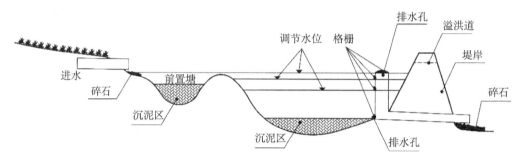

图 B3.49　调节塘典型构造示意图（自绘）

（3）适用植物

水生植物：荷花、水葱、蒲草、芦苇、水蓼。

B3.3.3　景观水体

1）概念与构造

景观水体指具有观赏功能的水体。景观水体有时可结合绿地、开放空间等场地条件设计为多功能调蓄水体，即平时发挥正常的景观及休闲、娱乐功能，降雨发生时发挥调蓄功能，实现土地资源的多功能利用（图 B3.50）。

图 B3.50　景观水体实景照片

2）适用性（竖向、土建）

（1）适用情况与选址

景观水体适用于建筑与小区、城市绿地、广场等具有空间条件的场地。景观水体可有效削减较大区域的径流总量、径流污染和峰值流量，是城市内涝防治系统的重要组成部分；但对场地条件要求较严格，建设和维护费用高。

（2）工程做法

①雨水汇集

见图 B3.51。

图 B3.51　景观水体雨水流程示意图

②工程技法

A. 进水口和溢流出水口应设置碎石、消能坎等消能设施，防止水流冲刷和侵蚀。

B. 景观水体前宜设前置塘，起到沉淀径流中大颗粒污染物的作用；池底一般为混凝土或块石结构，便于清淤。

C. 溢流出水口包括溢流竖管和高低位溢水口，排水能力应根据下游雨水管渠或超标雨水径流排放系统的排水能力确定。

D. 景观水体应设置护栏、警示牌等安全防护与警示措施。

见图 B3.52。

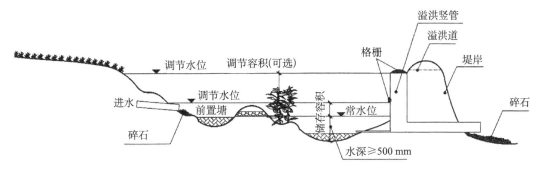

图 B3.52　景观水体典型构造示意图

（3）适用植物

水生植物：荷花、水葱、蒲草、芦苇、水蓼。

B3.3.4　绿色屋顶

1）概念与构造

绿色屋顶也称种植屋面、屋顶绿化等，根据种植基质深度和景观复杂程度，绿色屋顶又分为简单式和花园式，基质深度根据植物生长需求及屋顶荷载确定，简单式绿色屋顶的基质深度一般不大于 150 mm，花园式绿色屋顶在种植乔木时基质深度可超过 600 mm，绿色屋顶的设计可参考《种植屋面工程技术规程》（JGJ155—2013）（图 B3.53）。

图 B3.53　绿色屋顶实景照片

2）适用性（竖向、土建）

（1）适用情况与选址

绿色屋顶适用于符合屋顶荷载、防水等条件的平屋顶建筑和坡度≤15°的坡屋顶建筑。

绿色屋顶可有效减少屋面径流总量和径流污染负荷，具有节能减排的作用，但对屋顶荷载、防水、坡度、空间条件等有严格要求。

（2）工程做法

①雨水汇集过程

雨水通过蓄排水设施流向雨水管，再由雨水管经过消能设施流向雨水罐、高位花坛、下沉式绿地及下沉式绿地等景观水体（图 B3.54）。

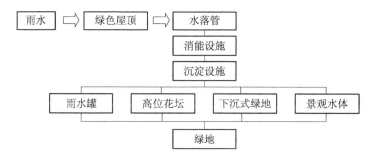

图 B3.54　绿色屋顶流程示意图

②工程技法

A. 种植平屋面的基本构造层次包括：基层、绝热层、找坡（找平）层、普通防水层、耐根穿刺防水层、保护层、排（蓄）水层、过滤层、种植土层和植被层。根据各地气候特点屋面形式、植物种类等情况，可增减屋面构造层次。

B.种植平面屋顶的排水坡度不宜小于 2%；天沟、檐沟的排水坡度不宜小于 1%。

C.屋面种植池种植高大植物时，种植池设计应符合下列规定：

a.种植平屋面的排水坡度不宜小于 2%；天沟、檐沟的排水坡度不宜小于 1%。

b.池壁应设置排水口，并应设计有组织排水。

c.根据种植植物高度在池内设置固定植物用的预埋件。

其他类型种植屋面要求可参照《种植屋面工程技术规程》（JGJ 155—2013）。

见图 B3.55 至图 B3.58。

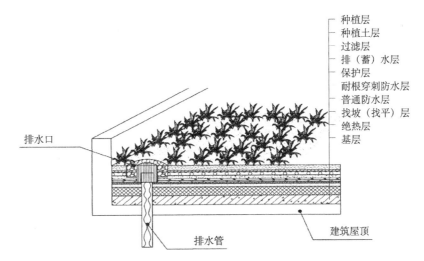

图 B3.55　绿色屋顶典型构造示意图（自绘）

注：整体构造参考《海绵城市建设技术指南》及《种植屋面工程技术规范》

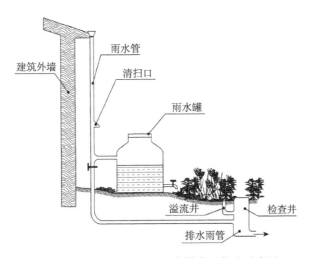

图 B3.56　绿色屋顶——雨水罐典型构造示意图

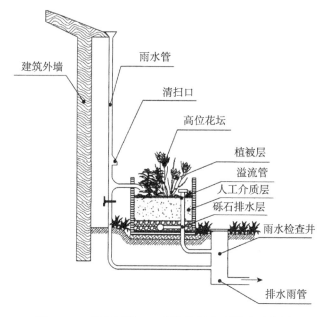

图 B3.57　绿色屋顶——高位花坛典型构造示意图

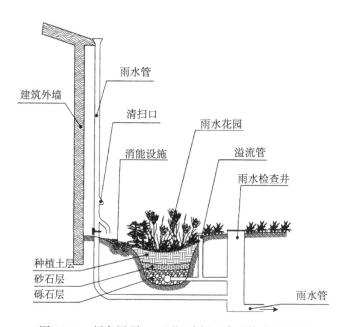

图 B3.58　绿色屋顶——下沉式绿地典型构造示意图

B3.3.5　蓄水模块

1）概念与构造

蓄水模块是一种可以用来储存水，但不占空间的新型产品；具有超强的承压能力和较强的蓄水能力（图 B3.59）。

图 B3.59　蓄水模块实景照片

2）适用性（竖向、土建）

（1）适用情况与选址

蓄水模块适用于将不同面积上的降水径流通过一定的传输和储存设施滞贮备用或进行下渗至渗管，再至排水管网。蓄水模块分为传统的混凝土蓄水池、玻璃钢蓄水池及新型的塑料模块蓄水池，后者建设成本较高。

（2）工程做法

①雨水汇集过程

在雨水汇集流向雨水井，再由雨水井经过截污装置通过排污管排入污水管网，剩下的流向雨水模块收集池：a.是通过雨水供水泵流向雨水处理及回用系统；b.是通过自然渗透到渗管、溢流管最终流向排水雨管（图 B3.60）。

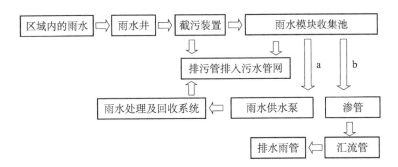

图 B3.60　蓄水模块流程示意图

②工程技法

A.进入雨水井前应设置植草沟、碎石、消能坎等消能设施，防止水流冲刷和侵蚀。

B.应设置截污装置对径流雨水进行预处理。

C.出水管的内底高程应高于进水管管内顶高程。

D.蓄水模块施工完毕后，上方覆土应控制在 1.5～2.5 m；当蓄水模块上方覆土大于 3 m 时需采取特殊加固措施。

B4　绿地雨水蓄渗利用设施水力计算

B4.1　设计参数

B4.1.1　降雨资料

降雨资料应根据建设区域内或邻近地区雨量观测站 20 年以上降雨资料确定，北京地区多年平均降雨量为 585 mm。雨水利用设计降雨量应按多年平均降雨量计算，北京地区常用典型频率降雨量及年径流总量控制率对应的设计降雨量参见表 B4.1、表 B4.2。

表 B4.1　北京地区典型降雨量资料

频率	24 h 最大降雨量（mm）
1 年一遇	45
2 年一遇	81
3 年一遇	108
5 年一遇	141
10 年一遇	209

表 B4.2　年径流总量控制率对应的设计降雨量

年径流总量控制率（%）	55	60	70	75	80	85	90
设计降雨量（mm）	11.5	13.7	19.0	22.5	26.7	32.5	40.8

B4.1.2　暴雨强度计算

北京地区暴雨强度按 2 个暴雨分区计算。

第 I 区设计暴雨强度应按公式（B4.1）计算：

$$q = \frac{3064(1+0.741 \lg P)}{(t+11.35)^{0.912}} \qquad （B4.1）$$

式中：q——设计暴雨强度 [L/（s·hma^2）]；

　　　t——降雨历时（min）；

　　　P——设计重现期（a）。

适用范围为：$t \leqslant 180$ min，$P=0.25 \sim 100$ a。

第Ⅱ区设计暴雨强度根据降雨历时和重现期的不同应分别按下列公式计算：

$$q = \frac{2001\left(1+0.811\lg P\right)}{\left(t+8\right)^{0.711}}$$ （B4.2）

适用范围为：$t \leqslant 120$ min，$P \leqslant 10$ a。

$$q = \frac{1378\left(1+1.047\lg P\right)}{\left(t+8\right)^{0.642}}$$ （B4.3）

适用范围为：$t \leqslant 120$ min，$P > 10$ a。

$$q = \frac{2313\left(1+1.0911\lg P\right)}{\left(t+10\right)^{0.759}}$$ （B4.4）

适用范围为：360 min $\geqslant t > 120$ min，$P \leqslant 10$ a。

$$q = \frac{1913\left(1+1.321\lg P\right)}{\left(t+10\right)^{0.744}}$$ （B4.5）

适用范围为：360 min $\geqslant t > 120$ min，$P > 10$ a。

设计常用重现期及降雨历时暴雨强度参考《雨水控制与利用工程设计规范》附录 A。

B4.1.3 设计降雨历时

（1）雨水管渠的设计降雨历时应按下式计算：

$$t = t_1 + m t_2$$ （B4.6）

式中：t——降雨历时（min）；

t_1——汇水面汇水时间（min），视距离长短、地形坡度和地面铺装情况而定（屋面一般取 5 min；道路路面取 5 ~ 15 min）；

m——折减系数，取 $m=1$；

t_2——管渠内雨水流行时间（min）。

（2）在规划或方案设计时，建筑小区设计降雨历时可按 10 ~ 15 min 计算。

B4.1.4 径流系数

不同种类下垫面的径流系数应依据实测数据确定，缺乏资料时可参照表 B4.3 取值。

综合径流系数应按下垫面种类加权平均计算：

$$\psi_z = \frac{\sum F_i \psi_i}{F} \qquad （B4.7）$$

式中：ψ_z——综合径流系数；

F——汇水面积（m^2）；

F_i——汇水面积（m^2）；

ψ_i——各类下垫面的径流系数。

表 B4.3　径流系数

	下垫面种类	雨量径流系数 ψ_c	流量径流系数 ψ_m
屋面	绿化屋面（基质层厚度 ≥ 300 mm）	0.3 ～ 0.4	0.4
	硬屋面、未铺石子的平屋面、沥青屋面	0.8 ～ 0.9	1
	铺石子的平屋面	0.6 ～ 0.7	0.8
	混凝土或沥青路面及广场	0.8 ～ 0.9	0.90 ～ 0.95
	大块石铺砌路面及广场	0.5 ～ 0.6	0.7
	沥青表面处理的碎石路面及广场	0.45 ～ 0.55	0.65
	级配碎石路面及广场	0.4	0.5
	干砌砖石或碎石路面及广场	0.4	0.4 ～ 0.5
	非铺砌的土路面	0.3	0.35 ～ 0.40
	绿地	0.15	0.3
	水面	1	1
	地下室覆土绿地（ ≥ 500 mm）	0.15	0.3
	地下室覆土绿地（ < 500 mm）	0.3 ～ 0.4	0.4
	透水铺装地面	0.08 ～ 0.45	0.08 ～ 0.45
	下沉广场（50 年及以上一遇）	—	0.85 ～ 1.00

B4.1.5　水面蒸发量

全年水面蒸发量应依据实测数据确定，缺乏资料时可参照表 B4.4 取值。

表 B4.4　北京地区多年平均逐月蒸发量与降雨量

月份	陆面蒸发量	水面蒸发量	降雨量
1	1.4	25.1	2.2
2	5.5	34.3	4.9
3	19.9	63.4	8.7
4	27.4	126.3	20.0
5	63.1	148.8	32.5
6	67.8	155.0	76.8
7	106.7	127.4	196.5
8	95.4	106.9	162.2
9	56.2	95.6	51.3
10	15.7	74.2	21.2
11	6.5	38.9	6.4
12	1.4	27.1	2.0
合计	466.7	1022.9	584.7

B4.1.6　土壤渗透系数

土壤渗透系数应以实测资料为准，缺乏资料时，可参照表 B4.5 中数值选用。

表 B4.5　土壤渗透系数

土质	m/d	m/s
黏土	< 0.005	$< 6 \times 10^{-8}$
粉质黏土	0.005 ～ 0.1	$6 \times 10^{-8} \sim 1 \times 10^{-6}$
黏质粉土	0.1 ～ 0.5	$1 \times 10^{-6} \sim 6 \times 10^{-6}$
黄土	0.25 ～ 0.5	$3 \times 10^{-6} \sim 6 \times 10^{-6}$
粉砂	0.5 ～ 1.0	$6 \times 10^{-6} \sim 1 \times 10^{-5}$
细砂	1.0 ～ 5.0	$1 \times 10^{-5} \sim 6 \times 10^{-5}$
中砂	5.0 ～ 20.0	$6 \times 10^{-5} \sim 2 \times 10^{-4}$
均质中砂	35.0 ～ 50.0	$4 \times 10^{-4} \sim 6 \times 10^{-4}$
粗砂	20.0 ～ 50.0	$2 \times 10^{-4} \sim 6 \times 10^{-4}$
均质粗砂	60.0 ～ 75.0	$7 \times 10^{-4} \sim 8 \times 10^{-4}$

B4.2 入渗设施计算

B4.2.1 入渗设施渗透量计算

单一系统渗透设施的渗透能力不应小于汇水面需控制及利用的雨水径流总量,当不满足时应增加入渗面积或加设其他雨水控制及利用系统。下沉绿地面积大于接纳的硬化汇水面积时,可不进行渗透能计算。有效渗透面积应按下式计算:

$$W_s = \alpha K J A_s t_s \qquad (B4.8)$$

式中:W_s——渗透量(m³);

α——综合安全系数,一般取 0.5 ~ 0.6;

K——土壤渗透系数(m/s);

J——水力坡降,一般取 1;

A_s——有效渗透面积(m²);

t_s——渗透时间(s),当计算调蓄时应 ≤ 12 h,渗透池(塘)、渗透井可 ≤ 72 h,其他 ≤ 24 h。

B4.2.2 入渗设施进水量计算

$$W_c = \left[60 \frac{q_c}{1000} \left(F_y \times \psi_m + F_0 \right) \right] t_c \qquad (B4.9)$$

式中:W_c——渗透设施进水量(m³);

F_y——渗透设施收纳的集水面积(hm²);

F_0——渗透设施直接受水面积(hm²),埋地渗透设施取 0;

t_c——渗透设施产流历时(min);

q_c——渗透设施产流历时对应的暴雨强度 [L/(s·hm²)]。

ψ_m 流量径流系数

B4.2.3 入渗系统产流历时内的蓄积雨水量计

$$W_p = \mathrm{Max} \left(W_c - W_s \right) \qquad (B4.10)$$

式中:W_p——产流历时内的蓄积雨水量(m³),产流历时经计算确定,不宜大于 120 min。

B4.3 传输设施水力计算

植草沟等传输设施,其设计目标通常为排除一定设计重现期下的雨水流量,可通过推理公式来计算一定重现期下的雨水流量。用 a 或 b、c 组合式都可。

B4.3.1 传输设施的流量 Q

$$Q = \psi_{zm} qF \qquad (B4.11)$$

式中：Q——设计流量（L/s）；

　　　ψ_{zm}——流量综合径流系数，见表 B3.1.4；

　　　q——设计暴雨强度 [L/（s·hm²）]。

　　　F——汇水面积（m²）

B4.3.2 传输设施的流量 Q

$$Q = A_v \qquad (B4.12)$$

式中：Q——设计流量（m³/s）；

　　　A——水流有效断面面积（m³）；

　　　v——流速（m/s）。

B4.3.3 传输设施的速度 v

$$v = n^{-1} \times R_h^{2/3} \times S^{1/2} \qquad (B4.13)$$

式中：v——速度（m/s）；

　　　n——曼宁系数，是综合反映管渠壁面粗糙情况对水流影响的一个系数；

　　　R_h——水力半径，是流体截面积与湿周长的比值，湿周长指流体与明渠断面接触的周长，不包括与空气接触的周长部分；

　　　S——明渠的坡度。

具体设计参数（排水管渠粗糙系数、管渠设计充满度、明渠最大设计流速等）及要求详见《室外排水设计规范》（2016 年版）（GB 50014—2016）。

B4.4 滞蓄设施计算

B4.4.1 径流总量计算公式

$$W = 10\psi_{zm} h_y F \qquad (B4.14)$$

式中：W——径流总量（m³）；

　　　ψ_{zm}——雨量综合径流系数；

h_y——设计降雨量（mm）；

F——汇水面积（hm^2）。

B4.4.2 存蓄总量计算公式

$$W = 10(1 - \psi_{zm})h_y F \qquad （B4.15）$$

式中：W——径流总量（m^3）；

ψ_{zm}——雨量综合径流系数；

h_y——设计降雨量（mm）；

F——汇水面积（hm^2）。

B4.5 年径流总量滞留目标复核计算

表 B4.6 年径流总量核算表

汇水分区	汇水区面积（m²）	设计蓄水容积（m³）	年径流总量控制率（%）	下沉式绿地率（%）	透水铺装率（%）	绿色屋顶率（%）
分区 1						
分区 2						
……						
合计						

注：

1. 综合径流系数、年径流综合控制率的合计采用面积加权平均法计算。

2. 控制雨量所对应的年径流总量控制率根据表 B4.2 确定，当控制雨量为中间数值时，年径流总量控制率可用内插法求得。

3. 地块内各低影响设施的设计调蓄容积之和，即总调蓄容积（不包括用于削减峰值流量的调节容积），一般不应低于该地块"单位面积控制容积"的控制要求。

B5 城市绿地中雨水蓄渗利用设施应用

B5.1 基本要求

城市绿地承担的功能是多方面的，生态功能是其最主要的功能之一。而雨水蓄渗利用是绿地生态功能中的一个不可或缺的重要组成部分。绿地规划设计与建设管理要兼顾各方面的功能，控制利用雨水要与其他功能有机结合。科学合理设定尽可能多地消纳雨水与保障绿地生态功能、植物安全、优美景观和舒适游览等综合功能的最佳结合点和各自权重。在进行绿地雨水蓄渗利用体系构建时，必须要科学地处理好以下关系：

一是要处理好城市绿地生态功能各因子之间的关系。城市绿地首先要保证足够的植物绿量，雨水蓄渗利用设施的应用应当尽量减少对形成绿量的影响，或最大限度做到与应有绿量的结合。

二是要处理好城市绿地雨水蓄渗利用与以人为本的关系。要保证为游人提供舒适游览环境的前提下安排雨水蓄渗利用设施，并使雨水蓄渗利用设施与游览服务设施完美结合。

三是要处理好雨水蓄渗利用设施与优美园林景观的关系。景观功能既是生态功能的延伸，又是以人为本的体现，雨水蓄渗利用设施要与景观紧密融合，浑然一体。

四是要处理好城市绿地雨水蓄渗利用综合性价比的关系。安排雨水利用设施应当以渗为主，综合考虑投资造价，利用效果和后期维护之间的关系，做到可持续利用。

五是要处理好绿地自身雨水蓄渗利用与接收客水的关系。城市绿地是海绵城市的重要"海绵"，但不是城市的水库。在利用自身范围内雨水的同时，有条件的要接收周边区域的雨水。但是接收客水不能以牺牲绿地基本功能为代价。

六是处理好游人安全的问题，雨水设施与建筑物设施不小于 5 m 的距离，必要时以栏杆围护。

B5.2　规划控制目标

根据《海绵城市建设技术指南——低影响开发雨水系统构建》（城建函〔2014〕275 号），低影响开发是指在场地开发过程中采用源头、分散式措施维持场地开发前的水文特征，合适是维持场地开发前后水文特征不变。年径流总量控制是低影响开发雨水系统构建的首要目标，在各类开发建设活动中，应遵循低影响开发理念，明确年径流总量控制目标。

参照指导《国务院办公厅关于推进海绵城市建设的指导意见》（国办发〔2015〕75 号）"将 70% 的降雨就地消纳和利用"的海绵城市工作要求，将年径流总量控制率作为海绵城市建设核心，作为"强制性指标"予以执行；下沉式绿地率、透水铺装率和绿色屋顶率，引导源头、分散式的低影响开发建设，应作为"引导性指标"予以执行。

B5.2.1　公园绿地

（1）公园绿地的雨水蓄渗利用系统应保证建成区内绿地开发后不大于开发前，径流总量控制率≥90%。

在公园绿地与城市水系相邻接时，超量雨水经过园林绿地延长径流历时后，可错峰排入城市水系。

（2）公园绿地的雨水蓄渗利用系统在条件允许且需要时，可适度接纳客水。

（3）暴雨时，城市行洪河道及排水管网面临巨大压力，位于城市区域性低点的公园绿地可起到削峰调蓄的作用，以保护城市、区域安全。处于城市区域性低点的公园绿地，应针对暴雨采取相应的峰值消减措施，但必须设置排放设施，暴雨情况下应以调蓄排放为主。

B5.2.2　防护绿地

此类绿地雨水污染系数较高，需要设置过滤设施，并且对管理养护的要求会更高，需要兼顾旱季和雨季的景观效果及功能。

B5.2.3　广场绿地

根据《城市绿地分类标准》（CJJ/T 85—2017），该类型用地的绿化占地比例宜大于35%，当绿化占地比例大于65%时参照公园绿地。此类用地瞬时雨水量大，污染较重，需要设置过滤设施，需要兼顾旱季和雨季的景观效果及功能。

B5.2.4　附属绿地

附属绿地中的道路绿地分车带绿地应设计为立道牙，不接纳道路雨水径流。路侧绿地可适当考虑接纳客水、削峰滞洪。客水来源包括铺装场地径流及建筑径流等，具体消纳量根据绿地的条件进行计算确定。

除道路绿地外的其他附属绿地按照《建筑与小区雨水利用工程技术规范》（GB 50400—2016）以及《雨水控制与利用工程设计规范》（DB 11/685—2013）、《城市附属绿地设计规范》（DB 11/T 1100—2014）为依据，本指南不再赘述。

B5.3　雨水蓄渗利用系统

城市绿地是海绵城市建设的重要载体之一，是雨水径流得以有效控制的重要途径。不同类型的城市绿地各自承载相应的功能，雨水渗蓄利用设施应根据绿地的功能倾向和条件，因地制宜，选取合适的设施类型来布置应用。

根据2017年建设部最新修订的《城市绿地分类标准》，将城市绿地分为5个大类，分别为公园绿地、防护绿地、广场绿地、附属绿地及区域绿地（表B5.1）。

表 B5.1 城市绿地雨水蓄渗利用设施类型分类表

绿地类型		是否接受客水	蓄渗设施类型		
			入渗设施	传输设施	滞蓄设施
G1 公园绿地	综合性公园	否	下沉式绿地、透水铺装	植草沟、植被缓冲带、	生物滞留设施、调节塘、渗透塘
	社区公园	是			
	专类公园	否			
	游园	是			
G2 防护绿地	防护绿地	是	透水铺装	植草沟	生物滞留设施、雨水湿地、渗透塘
G3 广场绿地	广场绿地	否	下沉式绿地、透水铺装	植草沟、渗管/渠	雨水湿地、渗透塘、生物滞留设施、景观水体
XG 附属绿地	居住用地附属绿地	是	下沉式绿地、透水铺装	植草沟、植被缓冲带、渗管/渠	渗透塘、生物滞留设施、景观水体、雨水湿地
	公共管理与公共服务设施用地附属绿地	是			
	商业服务业设施用地附属绿地	是			
	工业用地附属绿地	是			
	物流仓储用地附属绿地	是			
	道路与交通设施用地附属绿地	是			
	公用设施用地附属绿地	是			
EG 区域绿地	风景游憩绿地	是			
	生态保育绿地	否	——	——	——
	区域设施防护绿地	是			
	生产绿地	否			

B5.3.1 公园绿地（G1）

公园绿地是城市中向公众开放的，以游憩为主要功能，有一定的游憩设施和服务设施，同时兼有健全生态、美化景观、科普教育、应急避险等综合作用的绿化用地。将其分为综合公园、社区公园、专类公园、游园。

见图 B5.1 至图 B5.7。

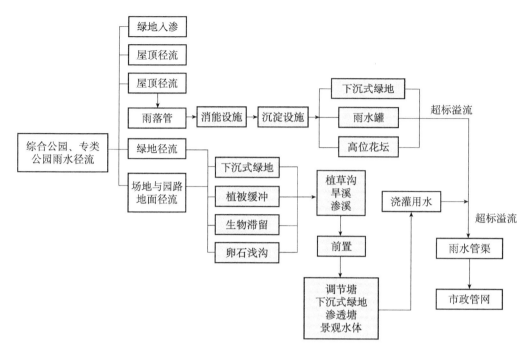

图 B5.1　公园绿地雨水系统流程示意图（一）

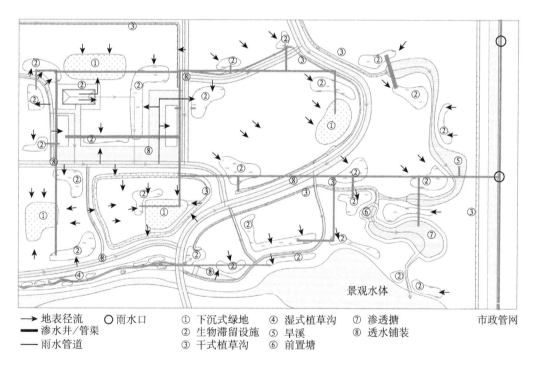

图 B5.2　公园绿地雨水系统平面示意图（一）

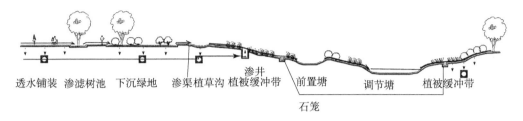

→ 雨水径流   ⇒ 雨水管渠

----▶ 雨水下渗

◧ 渗排水管

透水铺装 渗滤树池 下沉绿地 渗渠植草沟 植被缓冲带 渗井 前置塘 调节塘 植被缓冲带

石笼

图 B5.3 公园绿地雨水系统剖面示意图（一）

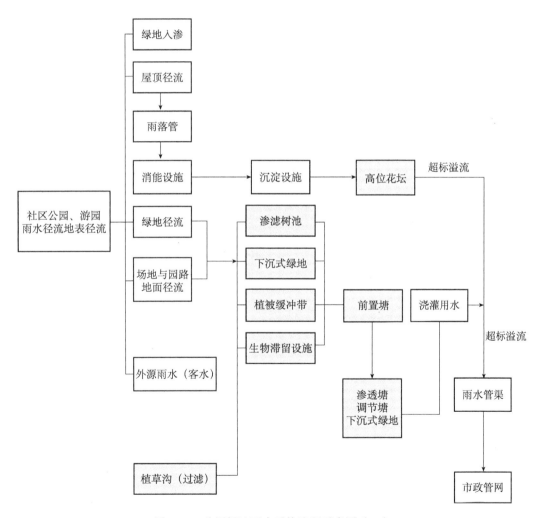

图 B5.4 公园绿地雨水系统流程示意图（二）

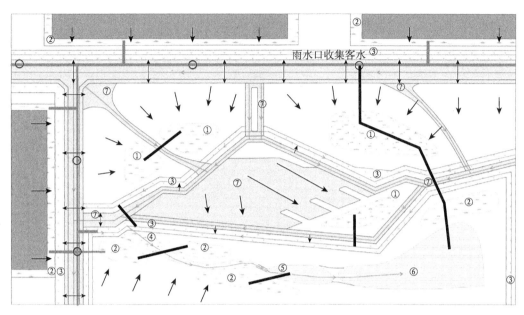

市政管网

➤ 地表径流　　■ 建筑屋顶　　① 下沉式绿地　　④ 湿式植草沟　　⑦透水铺装

━ 渗水井/管渠　○ 雨水口　　② 生物滞留设施　⑤ 前置塘

── 雨水管道　　　　　　　　③ 干式植草沟　　⑥ 调节塘

图 B5.5　公园绿地雨水系统平面示意图（二）

──➤ 雨水径流　　──➤ 外源雨水

┄┄➤ 雨水下渗

── 雨水管渠

■ 渗排水管

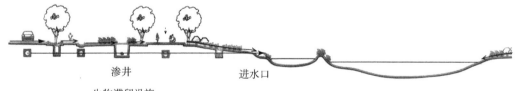

渗井　　　　　　　　　　　进水口

生物滞留设施

透水铺装 溢流井 植草沟 下沉绿地　　植被缓冲带　　　前置塘　　　　渗透塘

图 B5.6　公园绿地雨水系统剖面示意图（二）

B5.3.2　防护绿地（G2）

见图 B5.7 至图 B5.9。

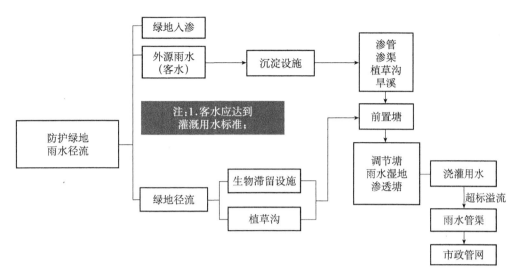

图 B5.7 雨水系统流程示意图

城市中具有卫生、隔离和安全防护功能的绿地，具有城市绿地的卫生防护、防风固土、安全隔离等作用，包括卫生隔离防护绿地、道路及铁路防护绿地、高压走廊防护绿地、公用设施防护绿地等。

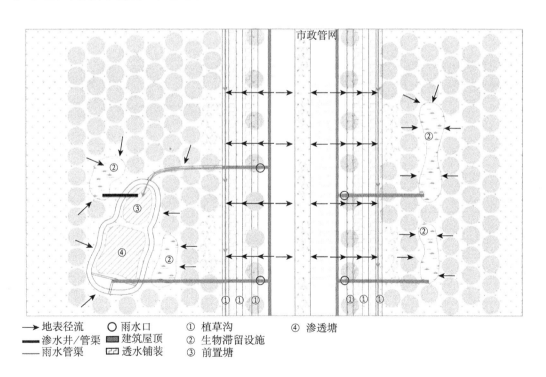

图 B5.8 雨水系统平面示意图

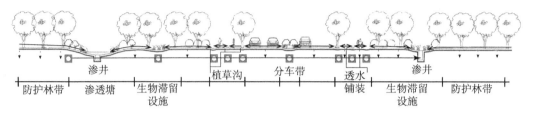

雨水地表径流 → 雨水管渠

下渗溢流雨水

渗排水管

| 防护林带 | 渗透塘 | 生物滞留设施 | 植草沟 | 分车带 | 透水铺装 | 生物滞留设施 | 防护林带 |
| 渗井 | | | | | | 渗井 | |

图 B5.9　雨水系统剖面示意图

B5.3.3　广场绿地（G3）

"广场绿地"是指以游憩、纪念、集会和避险等功能为主的城市公共活动场地，不包括以交通集散为主的广场绿地，该用地应划入"交通枢纽用地"。广场绿地集合下沉式绿地、透水铺装，集中表现了绿地在入渗、滞蓄雨水的蓄渗功能作用，在局部较大的空间内可加入雨水调蓄设施，如景观水体、景观水池等。在用地局限区域可增设地下调蓄设施，入地下蓄水箱（图 B5.10）。

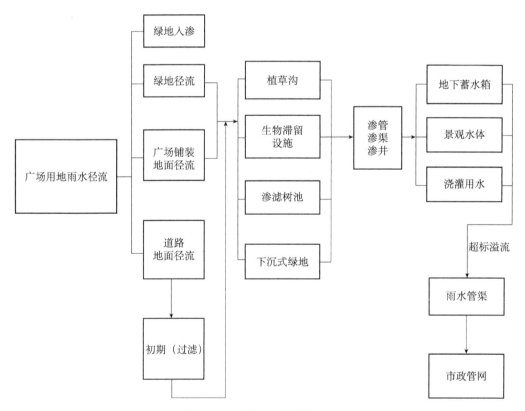

图 B5.10　雨水系统流程示意图

广场用地入渗消纳相应要求见表 B5.2。

表 B5.2 广场用地入渗消纳要求

地表类型	最大坡度（%）	最小坡度（%）	最适坡度（%）
草地	33.0	1.0	1.5 ～ 10.0
运动草地	2.0	0.5	1.0
栽植地表	66.0/50.0（土壤回填坡）	0.5	3.0 ～ 5.0（排水）
			5.0 ～ 20.0（景观）
铺装（平原地区）	2.0	0.3	1.0
场地（丘陵地区）	3.0	0.3	—

竖向设计宜根据绿地的布局、高程、土壤质地和植物种类，合理布局有利于雨水引入绿地滞蓄的竖向。

场地周边绿地应为下沉式，仓储、交通、公共服务设施等附属绿地宜采用下沉式绿地。

下沉式绿地应满足雨水收集、处理、贮存回用、入渗和调蓄排放功能，合理处理内涝与植物生存的关系，用于滞留雨水的绿地应当低于周围路面 50 ～ 100 mm；设于绿地内的雨水口，其顶面标高应当高于绿地 20 ～ 50 mm。

B5.3.4 附属绿地（XG）

附属绿地是分布于各类城市建设用地（除绿地以外）中的绿化用地，理论上应该与各类城市建设用地配套规划建设居住用地、公共管理与公共服务设施用地、商业服务业设施用地、工业用地、物流仓储用地、道路与交通设施用地、公用设施用地等用地中的绿地。相关的绿地率可参照《城市绿化规划建设指标的规定》（城建〔1993〕784 号）及《城市附属绿地设计规范》（DB11/T 1100—2014）的规定。

附属绿地根据其相应的绿地布局形式，可分为道路与交通设施用地的附属绿地和其他城市建设用地的附属绿地（除道路广场用地以外的其他城市建设用地的附属绿地），其中道路与交通设施用地属于城市绿地中"线"的元素，入渗为主体。其他附属绿地属于"面"的元素，滞蓄为主体。

（1）道路与交通设施用地的附属绿地雨水蓄渗利用设施系统

道路与交通设施用地的附属绿地是作为城市绿地中的"线"元素，在入渗、滞蓄雨水的同时，还具备一定的雨水传输作用。在将一定量的道路雨水流入城市绿地的同时，还应与城市雨水管道相协调，保证铺装和绿地入渗的雨水能够顺利地进入市政管网中，防止道路内涝事件的发生（图 B5.11 至图 B5.13）。

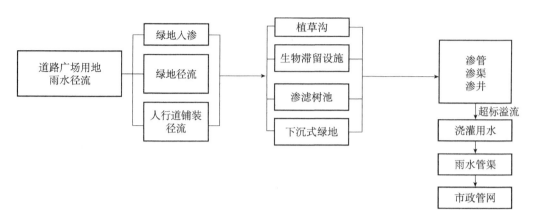

图 B5.11　雨水系统流程示意图

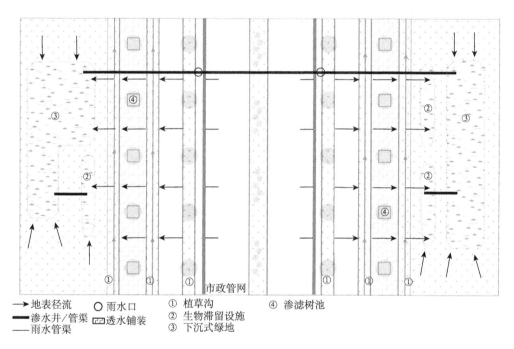

图 B5.12　雨水系统平面示意图

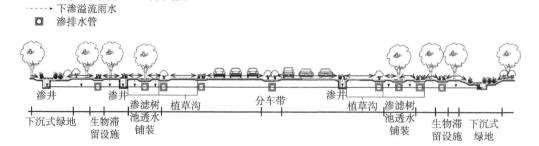

图 B5.13　雨水系统剖面示意图

（2）其他城市建设用地的附属绿地雨水控制利用系统

除道路与交通设施用地之外的城市建设用地的附属绿地可视为城市绿地中的"面"元素，集合下沉式绿地、透水铺装，集中表现了绿地在入渗、滞蓄雨水的蓄渗功能作用，在局部较大的空间内可加入雨水调蓄设施，如景观水体、景观水池等。在用地局限区域可增设地下调蓄设施，入地下蓄水箱（图 B5.14）。

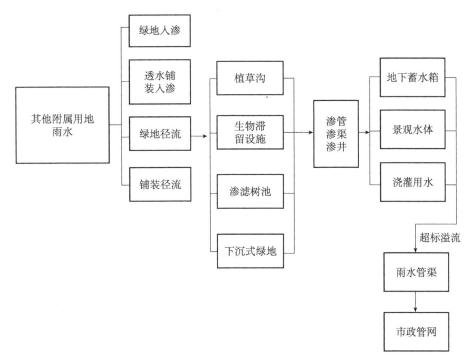

图 B5.14　雨水系统流程示意图

附属绿地入渗消纳相应要求见表 B5.3。

表 B5.3　附属绿地入渗消纳要求

地表类型	最大坡度（%）	最小坡度（%）	最适坡度（%）
草地	33.0	1.0	1.5～10.0
运动草地	2.0	0.5	1.0
栽植地表	66.0/50.0（土壤回填坡）	0.5	3.0～5.0（排水） 5.0～20.0（景观）
铺装（平原地区）	2.0	0.3	1.0
场地（丘陵地区）	3.0	0.3	——

竖向设计宜根据绿地的布局、高程、土壤质地和植物种类，合理布局有利于雨水引入绿地滞蓄的竖向。

场地周边绿地应为下沉式；仓储、交通、公共服务设施等附属绿地宜采用下沉式绿地。

下沉式绿地应满足雨水收集、处理、贮存回用、入渗和调蓄排放功能，合理处理内涝与植物生存的关系，用于滞留雨水的绿地应当低于周围路面 50 ～ 100 mm；设于绿地内的雨水口，其顶面标高应当高于绿地 20 ～ 50 mm。

B5.3.5　区域绿地（EG）

指的是非建城区内对城市生态环境质量、居民休闲生活、城市景观和生物多样性保护有直接影响的绿地。包括风景游憩绿地、生态保育绿地、区域设施防护绿地、生产绿地等。

此类绿地距离城市中心区较远，不属于城市建设用地，对城市雨水径流控制虽没有直接的作用，但有很多间接作用。

（1）面积普遍较大，径流系数较低，对降低城市绿地总径流系数有较大的作用。

（2）位于城市水源、水域附近，或是城市蓄渗系统的终端位置，它们对雨水径流的滞蓄及过滤，减弱了雨水径流对城市水源及水域的污染程度。

（3）位于城市山区的绿地，在保证自身排水通畅的同时也可对城市山洪起到一定的缓解作用。

见图 B5.15 至图 B5.17。

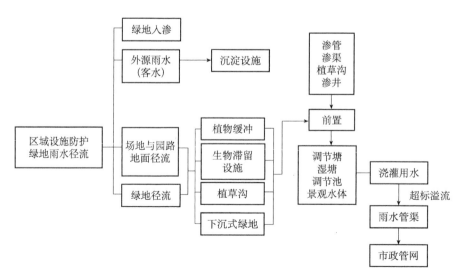

图 B5.15　雨水系统流程示意图（一）

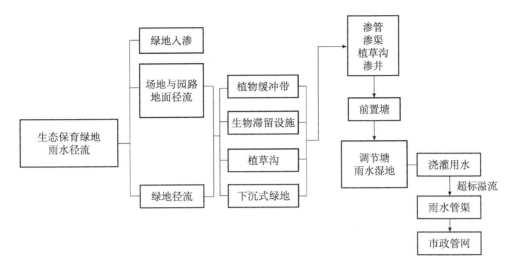

图 B5.16　雨水系统流程示意图（二）

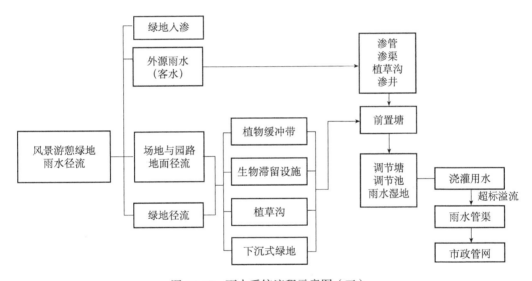

图 B5.17　雨水系统流程示意图（三）

B6　设计阶段深度

海绵城市园林景观设计一般分为方案设计、初步设计及施工图设计三阶段。现就上述三阶段设计深度作出规定，供参考。

B6.1　方案阶段

（1）方案文本编写见图 B6.1。

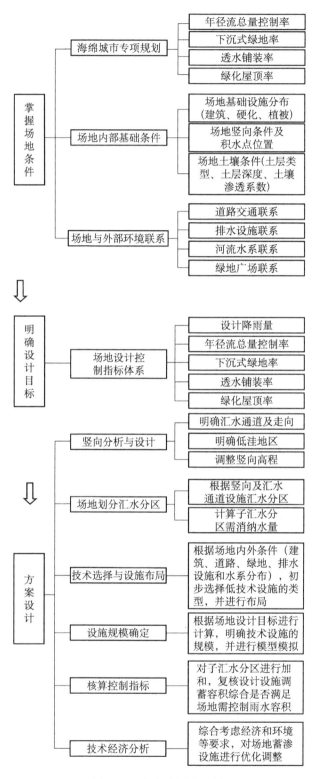

图 B6.1　方案编写流程图

（2）提供能源利用及与相关专业之间的衔接。

（3）据以编制工程估算。

（4）提供申报有关部门审批的必要文件。

B6.2　初设阶段

初步设计文件包括设计说明及图纸，其内容及编制深度达到《园林设计文件内容及深度》（DB11/T 335—2006）相关要求。

（1）满足编制施工图设计文件的需要。

（2）解决各专业的技术要求，协调与相关专业之间的关系。

（3）能据以编制工程概算。

（4）提供申报有关部门审批的必要文件。

B6.3　施工图阶段

施工图设计文件包括设计说明及图纸，其内容及编制深度达到《园林设计文件内容及深度》（DB11/T 335—2006）相关要求。

（1）满足施工安装及植物种植需要。

（2）满足设备材料采购、非标准设备制作和施工需要。

（3）能据以编制工程预算。

B7　维护管理

B7.1　基本要求

（1）公共项目的低影响开发设施由城市道路、排水、园林等相关部门按照职责分工负责维护监管。其他低影响开发雨水设施由该设施的所有者或其委托方负责维护管理。

（2）应建立健全低影响开发设施的维护管理制度和操作规程，配备专职管理人员和相应的监测手段，并对管理人员和操作人员加强专业技术培训。

（3）低影响开发雨水设施的维护管理部门应做好雨季来临前和雨季期间设施的检修和维护管理，保障设施正常、安全运行。

（4）低影响开发设施的维护管理部门宜对设施的效果进行监测和评估，确保设施的功能得以正常发挥。

（5）应加强低影响开发设施数据库的建立与信息技术应用，通过数字化信息技术手段，进行科学规划、设计，并为低影响开发雨水系统建设与运行提供科学支撑。

（6）应加强宣传教育和引导，提高公众对海绵城市建设、低影响开发、绿色建筑、城市节水、水生态修复、内涝防治等工作中雨水控制与利用重要性的认识，鼓励公众积极参与低影响开发设施的建设、运行和维护。

B7.2　设施维护

B7.2.1　生物滞留设施、下沉式绿地、渗透塘

（1）应及时补种修剪植物、清除杂草。

（2）进水口不能有效收集汇水面径流雨水时，应加大进水口规模或进行局部下沉等。

（3）进水口、溢流口因冲刷造成水土流失时，应设置碎石缓冲或采取其他防冲刷措施。

（4）进水口、溢流口堵塞或淤积导致过水不畅时，应及时清理垃圾与沉积物。

（5）调蓄空间因沉积物淤积导致调蓄能力不足时，应及时清理沉积物。

（6）边坡出现坍塌时，应进行加固。

（7）由于坡度导致调蓄空间调蓄能力不足时，应增设挡水堰或抬高挡水堰、溢流口高程。

（8）当调蓄空间雨水的排空时间超过 36 h 时，应及时置换树皮覆盖层或表层种植土。

（9）出水水质不符合设计要求时应换填填料。

B7.2.2　渗井、渗管／渠

（1）进水口出现冲刷造成水土流失时，应设置碎石缓冲或采取其他防冲刷措施。

（2）设施内因沉积物淤积导致调蓄能力或过流能力不足时，应及时清理沉积物。

（3）当渗井调蓄空间雨水的排空时间超过 36 h 时，应及时置换填料。

B7.2.3　景观水体、雨水设施

（1）进水口、溢流口因冲刷造成水土流失时，应设置碎石缓冲或采取其他防冲刷措施。

（2）进水口、溢流口堵塞或淤积导致过水不畅时，应及时清理垃圾与沉积物。

（3）前置塘／预处理池内沉积物淤积超过 50% 时，应及时进行清淤。

（4）防误接、误用、误饮等警示标识、护栏等安全防护设施及预警系统损坏或缺失时，应及时进行修复和完善。

（5）护坡出现坍塌时，应及时进行加固。

（6）应定期检查泵、阀门等相关设备，保证其能正常工作。

（7）应及时收割、补种修剪植物、清除杂草。

B7.2.4　蓄水池

（1）进水口、溢流口因冲刷造成水土流失时，应及时设置碎石缓冲或采取其他防冲刷措施。

（2）进水口、溢流口堵塞或淤积导致过水不畅时，应及时清理垃圾与沉积物。

（3）沉淀池沉积物淤积超过设计清淤高度时，应及时进行清淤。

（4）应定期检查泵、阀门等相关设备，保证其能正常工作。

（5）防误接、误用、误饮等警示标识、护栏等安全防护设施及预警系统损坏或缺失时，应及时进行修复和完善。

B7.2.5　雨水罐

（1）进水口存在堵塞或淤积导致的过水不畅现象时，应及时清理垃圾与沉积物。

（2）及时清除雨水罐内沉积物。

（3）北方地区，在冬期来临前应将雨水罐及其连接管路中的水放空，以免受冻损坏。

（4）防误接、误用、误饮等警示标识损坏或缺失时，应及时进行修复和完善。

B7.2.6　调节塘

（1）应定期检查调节塘的进口和出口是否畅通，确保排空时间达到设计要求，且每场雨之前应保证放空。

（2）其他参照渗透塘及景观水体、雨水湿地等。

B7.2.7　调节池

（1）监测排空时间是否达到设计要求。

（2）进水口、出水口堵塞或淤积导致过水不畅时，应及时清理垃圾与沉积物。

（3）预处理设施及调节池内有沉积物淤积时，应及时进行清淤。

B7.2.8　植草沟、植被缓冲带

（1）应及时补种修剪植物、清除杂草。

（2）进水口不能有效收集汇水面径流雨水时，应加大进水口规模或进行局部下沉等。

（3）进水口因冲刷造成水土流失时，应设置碎石缓冲或采取其他防冲刷措施。

（4）沟内沉积物淤积导致过水不畅时，应及时清理垃圾与沉积物。

（5）边坡出现坍塌时，应及时进行加固。

（6）由于坡度较大导致沟内水流流速超过设计流速时，应增设挡水堰或抬高挡水堰高程。

B7.2.9　人工土壤渗滤

（1）应及时补种修剪植物、清除杂草。

（2）土壤渗滤能力不足时，应及时更换配水层。

（3）配水管出现堵塞时，应及时疏通或更换等。

B7.2.10　维护频次

低影响开发设施的常规维护频次及时间要求如表 B7.1 所示。

表 B7.1　低影响开发设施常规维护频次

低影响开发设施	维护频次	备注
透水铺装	检修、疏通透水能力 2 次 / 年（雨季之前和期中）	—
绿色屋顶	检修、植物养护 2 ～ 3 次 / 年	初春浇灌（浇透）1 次，雨季期间除杂草 1 次，北方气温降至 0℃前浇灌（浇透）1 次；视天气情况不定期浇灌植物
下沉式绿地	检修 2 次 / 年（雨季之前、期中），植物生长季节修剪 1 次 / 月	指狭义的下沉式绿地
生物滞留设施	检修、植物养护 2 次 / 年（雨季之前、期中）	植物栽种初期适当增加浇灌次数；不定期地清理植物残体和其他垃圾
渗透塘	检修、清淤 2 次 / 年（雨季之前、之后），植物修剪 4 次 / 年（雨季）	不定期地清理植物残体和其他垃圾
渗井	检修、清淤 2 次 / 年（雨季之前、期中）	—
景观水体	检修、植物残体清理 2 次 / 年（雨季），植物收割 1 次 / 年（冬季之前），前置塘清淤（雨季之前）	
雨水湿地	检修、植物残体清理 3 次 / 年（雨季之前、期中、之后）、前置塘清淤（雨季之前）	
蓄水池	检修、淤泥清理 2 次 / 年（雨季之前和期中）	每次暴雨之前预留调蓄空间
雨水罐	检修、淤泥清理 2 次 / 年（雨季之前和期中）	每次暴雨之前预留调蓄空间
调节塘	检修、植物残体清理 3 次 / 年（雨季之前、期中、之后），植物收割 1 次 / 年（雨季之后），前置塘清淤（雨季之前）	—

低影响开发设施	维护频次	备注
调节池	检修、淤泥清理 1 次 / 年（雨季之前）	—
植草沟	检修 2 次 / 年（雨季之前、期中），植物生长季节修剪 1 次 / 月	—
渗管 / 渠	检修 1 年 / 次（雨季之前）	—
植被缓冲带	检修 2 次 / 年（雨季之前、期中），植物生长季节修剪 1 次 / 月	—
人工土壤渗滤	检修 3 次 / 年（雨季之前、期中、之后），植物修剪 2 次 / 年（雨季）	—

B7.3　风险管理

（1）雨水回用系统输水管道严禁与生活饮用水管道连接。

（2）地下水位高及径流污染严重的地区应采取有效措施防止下渗雨水污染地下水。

（3）严禁向雨水收集口和低影响开发雨水设施内倾倒垃圾、生活污水和工业废水，严禁将城市污水管网接入低影响开发设施。

（4）城市雨洪行泄通道及易发生内涝的道路、下沉式立交桥区等区域，以及城市绿地中景观水体、雨水湿地等大型低影响开发设施应设置警示标识和报警系统，配备应急设施及专职管理人员，保证暴雨期间人员的安全撤离，避免安全事故的发生。

（5）陡坡坍塌、滑坡灾害易发的危险场所，对居住环境以及自然环境造成危害的场所，以及其他有安全隐患的场所不应建设低影响开发设施。

（6）严重污染源地区（地面易累积污染物的化工厂、制药厂、金属冶炼加工厂、传染病医院、油气库、加油加气站等）、水源保护地等特殊区域如需开展低影响开发建设的，除适用本指南外，还应开展环境影响评价，避免对地下水和水源地造成污染。

（7）低影响开发雨水设施运行过程中需注意防范以下风险：

①绿色屋顶是否导致屋顶漏水。

②生物滞留设施、渗井、渗管 / 渠、渗透塘等渗透设施是否引起地面或周边建筑物、构筑物坍塌，或导致地下室漏水等。

附录 1 植物名录

北京市雨水蓄渗设施常用植物配置表

雨水蓄渗设施		植物名称
植草沟	草本植物（75～150 mm）	紫花地丁、野牛草、婆婆纳、麦冬、楼斗菜、结缕草、月见草、崂峪苔草、诸葛菜、白三叶、蛇莓
下沉式绿地	草本植物（75～150 mm）	紫花地丁、野牛草、婆婆纳、麦冬、楼斗菜、结缕草、月见草、崂峪苔草、诸葛菜、白三叶、蛇莓
	耐水乔木（周边）	桑树、丝棉木、白蜡、银杏、金丝垂柳、元宝枫、垂柳、旱柳、馒头柳、绦柳、落羽杉、女贞树、白桦、黑枣
生物滞留设施	草本植物（300～400 mm）	金娃娃萱草、鸢尾、细叶针茅、蛇鞭菊、毛茛、多年生黑麦草、百日草、狼尾草、高羊茅、玉簪、蓍草、荆芥、兰花鼠尾草、马蔺、凤尾兰、荷兰菊、野古草、拂子茅
	湿生植物	石菖蒲、薄荷、千屈菜、旱伞草、黄菖蒲、美人蕉、再力花
	耐水乔木（周边）	桑树、丝棉木、白蜡、银杏、金丝垂柳、元宝枫、垂柳、旱柳、馒头柳、绦柳、落羽杉、女贞树、白桦、黑枣
植被缓冲带	草本植物（300～400 mm）	金娃娃萱草、鸢尾、细叶针茅、蛇鞭菊、毛茛、多年生黑麦草、百日草、狼尾草、高羊茅、玉簪、蓍草、荆芥、兰花鼠尾草、马蔺、凤尾兰、荷兰菊、野古草、拂子茅
	落叶灌木	月季（新貌、仙境、金奖章）、珍珠梅
	湿生植物	石菖蒲、薄荷、千屈菜、旱伞草、黄菖蒲、美人蕉、再力花、芦苇、芦竹
	耐水乔木	桑树、丝棉木、白蜡、银杏、金丝垂柳、元宝枫、垂柳、旱柳、馒头柳、绦柳、落羽杉、女贞树、白桦、黑枣
湿地	草本植物（≥600 mm）	狼尾草、拂子茅、结缕草、麦冬、崂峪苔草、月见草、鸢尾、马蔺、玉簪
	落叶灌木	月季（新貌、仙境、金奖章）、珍珠梅
	湿生植物	石菖蒲、薄荷、千屈菜、旱伞草、黄菖蒲、美人蕉、再力花、芦苇、芦竹
	水生植物	荇菜、水芹、野慈姑、水蓼、马齿苋、睡莲、鸭跖草、灯芯草、凤眼莲、水莎草、荷花、水葱
景观水体	湿生植物	石菖蒲、薄荷、千屈菜、旱伞草、黄菖蒲、美人蕉、再力花、芦苇、芦竹
	水生植物	荇菜、水芹、野慈姑、水蓼、马齿苋、睡莲、鸭跖草、灯芯草、凤眼莲、水莎草、荷花、水葱

北京市雨水蓄渗设施常用植物习性表

序号	名称	科名	属名	耐旱性	耐湿性	耐盐性	耐污性	植株高度
1	桑树	桑科	桑属	强	中			3～10 m
2	丝棉木	卫矛科	卫矛属	强	强			6 m
3	白蜡	木犀科	梣属	中	强			10～12 m
4	银杏	银杏科	银杏属	中	强			10～12 m
5	金丝垂柳	杨柳科	柳属	强	特强			10 m
6	元宝枫	槭树科	槭树属	中	中			10 m
7	垂柳	杨柳科	柳属	中	强			12～18 m

序号	名称	科名	属名	耐旱性	耐湿性	耐盐性	耐污性	植株高度
8	旱柳	杨柳科	柳属	强	强			18 m
9	馒头柳	杨柳科	柳属	强	强			18 m
10	绦柳	杨柳科	柳属	强	强			20～30 m
11	落羽杉	杉科	落羽杉属	强	强			25～50 m
12	女贞树	木犀科	女贞属	中	强			25 m
13	白桦	桦木科	桦木属	中	弱			25 m
14	黑枣	柿科	柿属	强	弱			30 m
15	大叶黄杨	卫矛科	卫矛属					0.6～2 m
16	紫叶小檗	小檗科	小檗属					0.6～2 m
17	月季（新貌）	蔷薇科	蔷薇属	强	强			0.8～1 m
18	月季（仙境）	蔷薇科	蔷薇属	强	强			0.8～1 m
19	月季（金奖章）	蔷薇科	蔷薇属	强	强			0.8～1 m
20	棣棠	蔷薇科	棣棠花属					1～2 m
21	红王子锦带	忍冬科	锦带花属					1～2 m
22	珍珠梅	蔷薇科	珍珠梅属	强	强			2 m
23	连翘	木犀科	连翘属					3 m
24	红瑞木	伞形科	梾木属					3 m
25	华北紫丁香	木犀科						4～5 m
26	蜡梅	蜡梅科	蜡梅属					4 m
27	紫薇	千屈菜科	紫薇属					7 m
28	紫花地丁	堇菜科	堇菜属	强				0.05～0.15 m
29	野牛草	禾本科	野牛草属	强	中			0.05～0.25 m
30	婆婆纳	唇形科	婆婆纳属	中	中			0.1～0.25 m
31	蛇莓	蔷薇科	蛇莓属	中				0.1～0.3 m
32	白三叶	豆科	车轴草属	中				0.1～0.3 m
33	诸葛菜	十字花科	诸葛菜属	强				0.1～0.5 m
34	结缕草	禾本科	结缕草属	强	中			0.15～0.2 m
35	麦冬	百合科	沿阶草属	中	中			0.15～0.2 m
36	丹麦草	百合科	沿阶草属	中				0.15～0.2 m
37	楼斗菜	毛茛科	楼斗菜属	中	中			0.15～0.5 m
38	月见草	柳叶菜科	月见草属	强	中			0.2～0.3 m
39	崂峪苔草	莎草科	苔草属	强	中			0.2～0.4 m
40	大花金鸡菊	菊科	金鸡菊属	强				0.2～0.5 m
41	桔梗	桔梗科	桔梗属	中				0.2～1.2 m
42	萱草	百合科	萱草属	强	中			0.3～0.5 m
43	金娃娃萱草	白合科	萱草属	中	中			0.3～0.5 m
44	鸢尾	鸢尾科	鸢尾属	中	强			0.3～0.5 m
45	细叶针茅	禾本科	针茅属	强				0.3～0.6 m

序号	名称	科名	属名	耐旱性	耐湿性	耐盐性	耐污性	植株高度
46	蛇鞭菊	菊科	麒麟菊属	中	中			0.3～0.6 m
47	毛茛	毛茛科	毛茛属	弱	中			0.3～0.7 m
48	多年生黑麦草	禾本科	黑麦草属	中	强			0.3～0.9 m
49	百日草	菊科	百日菊属	中				0.3～1.0 m
50	狼尾草	禾本科	狼尾草属	强	强			0.3～1.2 m
51	高羊茅	禾本科	高羊茅属	中	中			0.3～1.2 m
52	玉簪	百合科	玉簪属	中	强			0.3～1.38 m
53	蓍草	菊科	蓍属	强	中			0.3～1 m
54	荆芥	唇形科	荆芥属	中	中			0.4～1.5 m
55	蓝花鼠尾草	唇形科	鼠尾草属	中	中			0.5～0.7 m
56	马蔺	鸢尾科	鸢尾属	强				0.5～0.8 m
57	凤尾兰	龙舌兰科	丝兰属	中	中			0.5～1.5 m
58	松果菊	菊科	松果菊属	中				0.5～1.5 m
59	荷兰菊	菊科	紫菀属	中	中			0.6～1.0 m
60	野古草	禾本科	野古草属	中	强			0.6～1.1 m
61	毛地黄	玄参科	毛地黄属	中				0.6～1.2 m
62	拂子茅	禾本科	拂子茅属	强	强			0.8～1.5 m
63	宽叶拂子茅	禾本科	拂子茅属	强	强			0.8～1.5 m
64	石菖蒲	天南星科	菖蒲属	弱	强			0.2～0.3 m
65	薄荷	唇形科	薄荷属	弱	强			0.3～0.6 m
66	千屈菜	柳叶菜科	千屈菜属	弱	强			0.3～1.0 m
67	旱伞草	莎草科	莎草属	弱	强			0.4～1.6 m
68	黄菖蒲	鸢尾科	鸢尾属	弱	强			0.6～0.7 m
69	美人蕉	美人蕉科	美人蕉属	弱	强			1.0～1.5 m
70	再力花	竹芋科	再力花属	弱	强			1.0～2.5 m
71	芦苇	禾本科	芦苇属	弱	强			1.0～3.0 m
72	芦竹	禾本科	芦竹属	弱	强			3.0～6.0 m
73	荇菜	龙胆科	莕菜属	弱	强			0.15～0.2 m
74	水芹	伞形科	水芹菜属	弱	强			0.15～0.8 m
75	野慈姑	泽泻科	慈姑属	弱	强			0.2～0.7 m
76	水蓼	蓼科	蓼属	弱	强			0.2～0.8 m
77	马齿苋	马齿苋科	马齿苋属	弱	强			0.3～0.4 m
78	睡莲	睡莲科	睡莲属	弱	强			0.3～0.5 m
79	鸭跖草	鸭跖草科	鸭跖草属	弱	强			0.3～0.5 m
80	灯心草	灯心草科	灯心草属	弱	强			0.3～0.5 m
81	凤眼莲	雨久花科	凤眼莲属	弱	强			0.3～0.6 m
82	水莎草	莎草科	水莎草属	弱	强			0.35～1.0 m
83	荷花	睡莲科	莲属	弱	强			0.5～0.8 m
84	水葱	莎草科	藨草属	弱	强			1.0～2.0 m

<h2>耐涝植物评分</h2>
<h3>实验的前提条件、时间、环境等要素</h3>

序号	树种	淹水 5 天		淹水 10 天		淹水 15 天		耐涝能力
		成活率	观赏效果	成活率	观赏效果	成活率	观赏效果	
1	玉兰	80%	2	40%	2	40%	1	弱
2	栾树	100%	5	100%	3	100%	2	中
3	连翘	0	0	0	0	0	0	弱
4	平枝枸子	100%	5	100%	5	100%	3	强
5	黄刺玫	80%	4	60%	3	40%	2	弱
6	金焰绣线菊	100%	5	80%	4	20%	1	中
7	柳树	100%	3	60%	2	0	0	弱
8	元宝枫	100%	5	100%	4	20%	2	强
9	刺槐	100%	4	100%	4	100%	3	强
10	白蜡	100%	5	100%	5	100%	4	极强
11	国槐	100%	5	100%	4	100%	3	强
12	红瑞木	100%	4	100%	5	100%	5	极强
13	榆树	100%	5	100%	5	100%	5	极强
14	杨树	100%	5	100%	5	100%	5	极强
15	法桐	100%	5	100%	4	60%	3	强
16	银杏	100%	5	100%	4	80%	3	强
17	丁香	40%	3	20%	1	0	0	弱
18	棣棠	40%	2	0	0	0	0	弱
19	月季	100%	5	100%	5	100%	4	极强
20	雪松	100%	5	100%	4	100%	3	强
21	木槿	100%	5	100%	4	100%	3	强
22	扶芳藤	100%	5	100%	5	100%	5	强
23	黄栌	100%	5	60%	3	20%	2	中
24	金银木	100%	5	80%	1	40%	1	中
25	金叶女贞	100%	5	60%	4	80%	3	中
26	紫荆	100%	5	100%	5	100%	5	极强
27	卫矛	100%	5	100%	4	100%	4	极强
28	锦带	100%	5	20%	3	0	1	中
29	大花醉鱼草	100%	2	0	0	0	0	弱
30	沙地柏	100%	5	100%	5	100%	5	极强
31	侧柏	100%	4	100%	3	100%	3	中
32	蔷薇	100%	5	100%	5	100%	5	极强
33	珍珠梅	60%	4	40%	2	20%	1	弱
34	桧柏	100%	5	100%	5	100%	5	极强
35	紫薇	100%	5	100%	4	100%	4	极强
36	白皮松	100%	5	100%	5	100%	5	极强
37	大叶黄杨	100%	5	100%	4	100%	3	强

续表

序号	树种	淹水 5 天		淹水 10 天		淹水 15 天		耐涝能力
		成活率	观赏效果	成活率	观赏效果	成活率	观赏效果	
38	紫叶小檗	100%	5	80%	3	100%	1	中
39	西府海棠	100%	5	100%	5	100%	5	极强

附录2　参考文献

1. 政策性文件

《国务院办公厅关于做好城市排水防涝设施建设工作的通知》（国办发〔2013〕23号）

《国务院办公厅关于推进海绵城市建设的指导意见》（国办发〔2015〕75号）

《北京市规划委员会关于加强雨水利用工程规划管理有关事项的通知（试行）》（市规发〔2012〕791号）

2. 规范性文件

《海绵城市建设技术指南——低影响开发雨水系统构建》（2014年发布）

《城市绿化规划建设指标的规定》（城建〔1993〕784号）

《国家生态园林城市标准》（暂行）

《中国生态住宅技术评估手册》

《室外排水设计规范》（GB 50014—2006）

《建筑与小区雨水利用工程技术规范》（GB 50400—2016）

《公园设计规范》（GB 51192—2016）

《雨水控制与利用工程设计规范》（DB 11/685—2013）

《城市附属绿地设计规范》（DB11/T 1100—2014）

《绿地节水技术规范》（DB11/T 1297—2015）

《居住区绿地设计规范》（DB11/T 214—2016）

《城市绿地分类标准》（CJJ/T85—2017）

《透水水泥混凝土路面技术规程》（CJJ/T 135—2009）

《透水砖路面技术规程》（CJJ/T 188—2012）

《透水沥青路面技术规程》（CJJ/T 190—2012）

《种植屋面工程技术规程》（JGJ 155—2013）

《建筑设备施工安装通用图集——排水工程标准图集》（91SB4—1）

《海绵城市建设技术指南——低影响开发雨水系统构建》（2014年发布）

《南宁市海绵城市规划设计导则》（2015年发布）

《武汉市海绵城市规划设计导则（试行）》（公示稿）（2015 年发布）

《深圳市光明新区建设项目低冲击开发雨水综合利用规划设计导则（试行）》（2014年发布）

《遂宁市海绵城市规划设计导则》（2016 年 2 月发布）

《北京市园林绿地雨水控制利用工程设计指南》

《景观设计各阶段深度控制标准》

3. 相关政府部门、新闻评论及个人论文资料

《2015 年北京市水资源公报》

戈晓宇，李雄，2016. 基于海绵城市建设指引的迁安市绿色基础设施体系构建策略初探 [J]. 风景园林（3）: 27-34.

庞伟 . 海绵城市理论与实践 [M]. 沈阳：辽宁科学技术出版社 .

图 4.1 试验区位置示意图

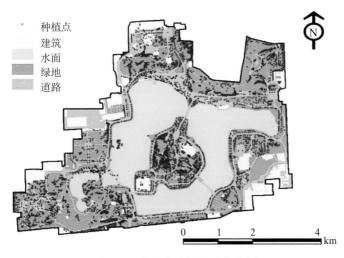

图 4.11 陶然亭公园基础信息图

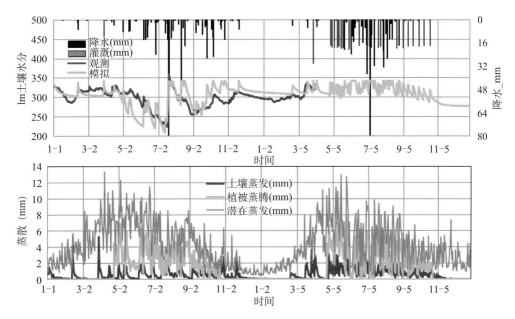

图 4.13 公园绿地土壤水分与蒸散耗水模拟

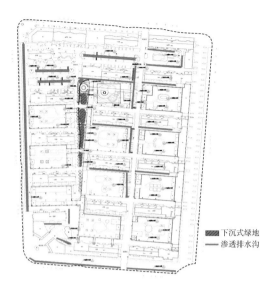

下沉式绿地
渗透排水沟

图 6.5　颐景园海绵设施分布图

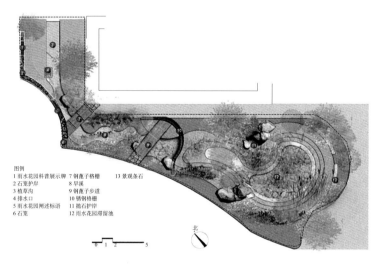

图例
1 雨水花园科普展示牌　7 钢箅子格栅　　13 景观条石
2 石笼护岸　　　　　　8 旱溪
3 植草沟　　　　　　　9 钢箅子步道
4 排水口　　　　　　　10 锈钢格栅
5 雨水花园闸述标语　　11 抛石护岸
6 石笼　　　　　　　　12 雨水花园滞留池

北

0 1 2　　　5

图 6.19　雨水花园总平面图

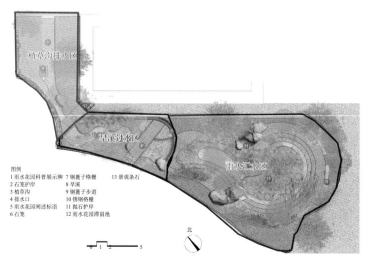

植草沟排水区

旱溪过水区

雨水汇水区

图例
1 雨水花园科普展示牌　7 钢箅子格栅　　13 景观条石
2 石笼护岸　　　　　　8 旱溪
3 植草沟　　　　　　　9 钢箅子步道
4 排水口　　　　　　　10 锈钢格栅
5 雨水花园闸述标语　　11 抛石护岸
6 石笼　　　　　　　　12 雨水花园滞留池

北

0 1 2　　　5

图 6.21　雨水花园分区图